四川省产教融合示范项目系列教材

机械综合应用设计指导书

主编◎冯鉴 何俊

西南交通大学出版社
·成 都·

图书在版编目（ＣＩＰ）数据

机械综合应用设计指导书 / 冯鉴，何俊主编. —成
都：西南交通大学出版社，2023.2
四川省产教融合示范项目系列教材
ISBN 978-7-5643-9131-7

Ⅰ. ①机… Ⅱ. ①冯… ②何… Ⅲ.①机械设计高等
学校－教学参考资料 Ⅳ. ①TH122

中国版本图书馆 CIP 数据核字（2022）第 256130 号

四川省产教融合示范项目系列教材

Jixie Zonghe Yingyong Sheji Zhidaoshu

机械综合应用设计指导书

主编　冯鉴　何俊

责任编辑　李伟
封面设计　吴兵

出版发行　西南交通大学出版社
　　　　　（四川省成都市金牛区二环路北一段 111 号
　　　　　西南交通大学创新大厦 21 楼）
邮政编码　610031
发行部电话　028-87600564　　　028-87600533
网址　http://www.xnjdcbs.com
印刷　四川森林印务有限责任公司

成品尺寸　185 mm × 260 mm
印张　8.25
字数　205 千
版次　2023 年 2 月第 1 版
印次　2023 年 2 月第 1 次
书号　ISBN 978-7-5643-9131-7
定价　28.00 元

课件咨询电话：028-81435775

在机械类专业培养体系中,"机械原理"和"机械设计"无疑是极为重要的专业基础课程,其课程设计作为重要的实践性教学环节,更是学生首次综合运用所学知识解决工程实际问题的尝试,是落实"以教为中心转向以学为中心,以知识体系为中心转到以能力达成为目标"的重要载体。但传统上,这两门课程设计的教学存在如下弊端:

首先,这两门课程设计采取的是"抛过墙"式的实施模式,即彼此是各自独立开展,互不联系的:机械原理课程设计是针对某一典型的机械系统,完成执行机构的运动方案设计以及机构尺度综合和运动学、动力学分析,设计过程中学生并不了解执行机构之前的运动传递情况;而机械设计课程设计则是针对减速器这种常见的传动装置进行结构设计,学生对减速后需要为之服务的、位于传动链末端的执行机构情况并不了解。如此一来势必会割裂二者在产品设计过程中的有机联系,使学生缺乏对机器设计完整过程的把握,难以树立对产品、系统和过程全生命周期的系统工程观。

其次,传统的机械设计课程设计基本是围绕减速器进行展开的,设计选题过于单一,而且减速器早已有了标准系列,结构基本已经固化,学生只需根据任务书给定的原始参数,依据指导书介绍的设计步骤,照葫芦画瓢即可。这使得设计方法过于固化和程式化,这种模仿式设计已经越来越难以适应当前工程教育专业认证对创新型人才培养的需求。

最后,传统的课程设计是集中安排在暑期的短学期中完成,这样势必会加剧设计内容多而时间相对较紧的矛盾,学生所学知识也不能及时运用,不利于实现在"做中学"和"以工程为导向"的创新人才模式。因此,在课时较少的情况下,为了达到较高的课程设计质量,采用"先分散后集中"的穿插式时间分配模式不失为一种较为理想的解决方案。

基于以上问题,我们提出了基于"课程群"和"项目驱动"的课程设计阶段性实施模式,并以课程设计为载体,将两门课程的课程设计进行了整合,形成了新的课程设计指导书。本书共分为6章。

第一章为绪论,介绍了课程设计整合的必要性,课程设计的目的、内容和一般步骤,以及相关的机械设计常用理论和方法。

第二章为机械系统的方案设计,遵循产品设计的通用流程和步骤,介绍了总体方案确定的基本原则和机械系统运动方案的构思,并以一个工程实例为对象详细介绍产品运动方案的形成过程。

第三章为机械系统的运动及动力参数设计。本章仍然是以产品设计的基本流程为主线,以前面所形成的产品系统原理方案为依据,结合具体的工程实例,介绍了机械系统运动及动力参数的设计过程。

第四章为执行机构及传动系统的结构设计，介绍了在对机构系统运动方案和运动及动力学参数求解的基础上，针对实际案例进行强度计算及结构设计的方法和步骤。

第五章为工程图设计，主要介绍了工程图绘制的流程及制图中的注意事项。

第六章为机械综合应用设计任务书，主要收集整理了一些具有实际工程应用背景的设计题目及相关原始参数，可以为学生选题时参考。

本书由西南交通大学冯鉴、何俊担任主编，其中冯鉴编写第一章、第四章，何俊编写第二章、第三章、第五章、第六章，何俊负责统稿。西南交通大学机械设计课程组的相关教师在本书的编写过程中提出了许多建设性建议，最后又做了精心审阅，编者对此表示衷心的感谢。同时本书的编写还得到了四川省产教融合示范项目——"交大-九洲电子信息装备产教融合示范"的资助，特此表示感谢。

本书可作为高等工科院校机械类相关专业的机械设计课程设计教材，也可供从事机械设计的工程技术人员参考。

由于编者水平有限，书中难免存在疏漏和不足之处，恳请广大读者批评指正。

编 者

2022 年 11 月

第一章 绪 论 ··· 1

    第一节 机械综合应用设计的目的、内容和一般步骤 ······························· 2

    第二节 机械设计常用理论和方法 ·· 5

第二章 机械系统的方案设计 ·· 8

    第一节 机械系统总体设计方案确定的基本原则 ····································· 8

    第二节 机械系统运动方案的构思 ·· 8

第三章 机械系统的运动及动力参数设计 ·· 19

    第一节 机构的总体运动参数设计 ··· 19

    第二节 驱动电机的选择 ··· 25

第四章 执行机构及传动装置的结构设计 ·· 34

    第一节 执行机构零部件的结构设计 ··· 34

    第二节 传动系统结构设计及相关性能参数 ·· 42

    第三节 主要传动部件的强度及刚度校核计算 ······································· 51

第五章 工程图设计 ·· 62

    第一节 装配图设计 ··· 62

    第二节 零件图设计 ··· 67

第六章 机械综合应用设计任务书 ··· 76

参考文献 ·· 125

第一章 绪 论

　　"机械综合应用设计"（以下简称"课程设计"）是机械类及近机械类各专业学生必修的一门主干技术基础课，它是学生在学习完"机械原理"与"机械设计"理论课程之后，首次综合运用所学理论知识解决工程实际问题的实践，是培养学生工程设计能力最重要的实践性教学环节之一。通过这门实践课程的学习，学生可巩固、加深和扩展机械设计方面的相关知识，这对后续专业课程的学习乃至毕业设计都有非常重要的影响。

　　传统的教学过程中，"机械原理"和"机械设计"这两门课程的课程设计采取的是"抛过墙"式的实施模式，即彼此是各自独立进行，互不联系的：机械原理课程设计是针对某一简单的机械系统，完成执行机构的运动方案设计以及机构尺度综合和运动学、动力学分析，设计时学生并不清楚执行机构之前的运动传递情况；而机械设计课程设计则是针对减速器这种常见的传动装置进行结构设计，设计时学生对减速后为之服务的执行机构的情况也不太了解。如此一来势必会割裂二者在产品设计过程中的有机联系，使学生缺乏对机器设计完整过程的把握，不利于培养学生的综合机械设计能力和创新能力。

　　针对传统教学模式下课程设计所暴露出来的问题，比如设计题目过于单一陈旧；模仿式设计不利于激发学生的学习积极性及创新意识；机械原理与机械设计课程设计之间缺乏有效对接；设计效率低下；设计时间安排不合理；不利于培养学生的团队协作意识，缺乏有效的过程监控措施等。本书基于以下观点，对两门课程的课程设计进行整合，并冠之以"机械综合应用设计"的名称。

　　1. 以课程设计为载体，打破课程设置的界限，树立整机设计理念

　　为确保课程设计的完整性、系统性和综合性，基于 CDIO（Conceive，Design，Implement and Operate，构思、设计、实现和运作）工程教育理念，将两个课程设计进行整合，统一设计题目，从产品设计的全过程出发，遵循功能需求分析→原理方案设计→运动及动力学参数设计→执行机构运动学及动力学仿真→整机三维结构设计→零部件有限元分析→工程图输出的设计全过程，真正实践 CDIO 工程教育模式，让学习者能够以主动的、实践的、课程之间有机联系的方式学习工程设计，树立起整机设计理念。

　　2. 拓宽选题范围，实施任务驱动的研究型教学模式

　　传统的模仿式设计已经越来越难以适应当前新工科发展对创新型人才培养的需求。新工科教育理念鼓励采用体验式学习、基于项目的学习、基于问题的学习、探究式学习等各种先进的教学方法，这与 CDIO 提倡的"做中学"的教学模式和"以工程为导向"的教学方法不谋而合，其核心思想就是充分发挥学习者的认知主体作用，从而实现模仿式学习向任务驱动的研究型学习的转变。其中，首先要解决的问题便是拓宽选题范围，建立具有工程实际应用背景和创新设计背景的题目库，以此来激发学习者的学习兴趣，培养其创造性解决工程实际问题的能力。

3. 采取"化整为零"的穿插式课程设计实施模式

在课时较少的情况下，为了达到较高的课程设计质量，采用"化整为零"（即先分散后集中）的穿插式教学模式是一种较好的解决办法。具体做法是，在机械原理理论课教学初始阶段就把设计任务提前予以分配，使学习者带着课题开始理论课的学习。同时，把设计任务中的原理方案设计、运动及动力学参数设计、零部件详细设计等内容分阶段安插到机械原理和机械设计课程相应内容的理论教学中，最后把工程制图安排在短学期中的两周内集中完成，从而实现实践与理论教学同步、交替式进行。

4. 充分运用现代 CAD/CAE 工具提高设计效率

用三维数字化设计代替传统的二维制图是工程设计发展的必然趋势。如图 1-1 所示，当完成执行机构型综合以后，学习者可利用 MATLAB、ADAMS 软件进行运动和动力学参数设计及执行机构虚拟仿真；在详细设计阶段，利用 Pro/E、UG 等建模软件进行整机或分系统结构设计及三维建模，最后将三维模型投影生成二维工程图，或者导入有限元软件，进行 CAE 分析。这样，通过一个有生产背景的实践课题，以产品设计过程为主线，利用现代 CAD/CAE 工具，既有利于培养学生的创新形象思维，提高设计效率，也有利于实现先进方法、工具和学习内容的集成。

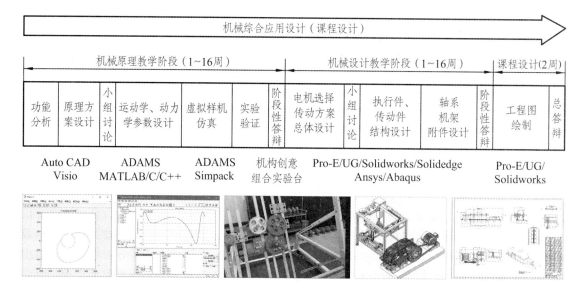

图 1-1　"化整为零"的穿插式课程设计实施步骤

第一节　机械综合应用设计的目的、内容和一般步骤

机械综合应用设计是针对机械设计系列课程的要求，涵盖机械原理课程设计和机械设计课程设计的内容，是继机械原理和机械设计系列理论课程后的一门理论与实践紧密结合、培养工科学生机械工程设计与综合能力的设计实践性课程。

课程内容主要涉及机械原理、机械设计、机械制图、机械制造基础、工程材料、力学等基础知识。教学内容围绕设计任务展开，主要包括根据机器功能需求，提出产品原理方案并进行多方案对比选型（型综合）；根据机器的运动及工艺动作要求进行执行机构运动学和动力学参数计算，必要的情况下还需进行执行机构运动学和动力学仿真，以验证设计方案的正确性；零部件的结构分析计算与设计，绘制机械系统图、部件装配图和零件图，编写设计计算说明书等。

一、课程设计的目的

机械综合应用设计是重要的实践性教学环节，能够使学生较全面、系统地掌握机械设计的基本原理和方法，可以培养学生机械运动方案设计、机械零部件详细结构设计的能力；同时机械综合应用设计是培养学生应用计算机辅助技术对工程实际中各种机械产品进行分析和设计能力的一门课程。其目的主要体现在以下几个方面：

（1）培养学生根据功能需求拟定机械运动方案、机构选型、机构组合和确定运动方案的能力。

（2）培养学生综合运用所学知识，理论联系实际，独立思考与分析问题的能力和创新能力。

（3）树立正确的设计思想，掌握机械设计的一般方法和规律，提高机械设计能力。

（4）通过设计实践，培养学生收集和运用设计资料以及计算、制图、数据处理和误差分析的能力，使其在机械设计基本技能的运用上得到提高。

（5）在教学过程中，为学生提供一个较为充分的设计空间，使其在巩固所学知识的同时，强化创新意识，让学生在设计实践中深刻领会机械工程设计的内涵，提高其发现问题、分析问题和解决问题的能力。

（6）通过编写设计说明书及答辩，培养学生的表达、归纳、总结和沟通能力。

二、课程设计的内容和一般步骤

（一）设计内容

机械综合应用设计一般以简单机械系统或机械装置作为设计对象。如图1-2、图1-3分别为带式运输机和平板搓丝机简图。设计任务中可只给出执行构件的原始运动和动力参数及工作要求，也可给出该机械装置的布置图或机构运动简图作为设计参考，但也有仅给出机械装置的功能要求，学生自己确定机构方案的情况。

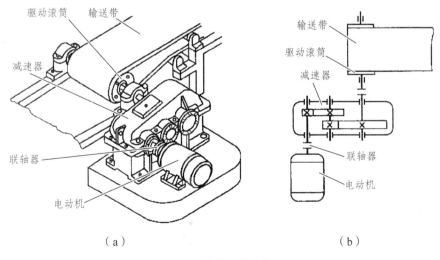

（a）   （b）

图 1-2　带式运输机简图

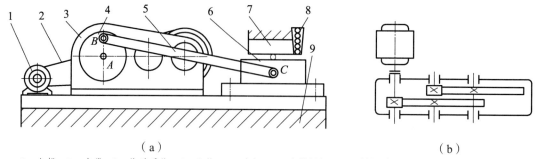

1—电机；2—皮带；3—传动系统；4—飞轮；5—连杆；6—定搓丝板；7—动搓丝板；8—送料装置；9—基座。

图 1-3　平板搓丝机简图

机械综合应用设计的主要内容包括设计任务分析；总体方案论证及机构选型，绘制总体系统图（整机原理图）；电动机参数计算及电机型号选定；确定传动装置的类型，分配传动比；计算各设计零部件的运动和动力参数，如各连杆、各轴的受力、转矩、转速、功率等；设计传动件、轴系零件、箱体、机构构件和为保证机械装置正常运转所必需的附件，绘制装配图和零件图；整理和编写设计计算说明书；考核和答辩等。

课程设计应完成的任务和需提交的资料有：

（1）机械系统总体方案图 1 张；

（2）所设计的产品或机械装置的总装图 1 张；

（3）零件图 2~3 张；

（4）设计计算说明书 1 份。

（二）课程设计的步骤

1. 设计准备阶段（约占总学时的 5%）

首先应明确所设计产品的用途、设计要求及其工作条件，针对设计任务和要求进行分析调研，查阅有关资料，有条件的可参观相似机械装置的现场或实物。最后，根据所确定的产品用途、主要性能参数，编制设计任务书（任务书也可由指导教师给出）。

2. 总体方案设计阶段（含运动及动力参数设计，约占总学时的 45%）

根据设计任务进行功能分析，在功能分析的基础上，通过设计理念构想、创新构思、搜索探求、优化筛选确定较理想的工作原理；对选定的工作原理进行工艺动作构思和工艺动作分解；对完成各工艺动作的执行机构进行动作协调分析，进行机构的选型、创新与组合，构思出各种可能的运动方案，并通过方案评价选择最佳方案；绘制机械运动简图及各执行机构的运动循环图；就所选择的运动方案，进行机构的运动规律设计；拟定总体方案，进行原动机、传动系统和执行系统的选择及基本参数设计（如机构的自由度计算、杆长计算、总传动比和各级传动比、执行机构各构件的运动分析和受力分析、执行机构输入转矩或输入功率等）；最后给出总体方案示意图。

3. 结构设计（详细设计）阶段（含工程图绘制，约占总学时的 35%）

将机械系统运动简图具体转化为各零部件的合理结构及零件工作图、部件装配图和机械总装图。具体来说，就是根据总体方案，从加工工艺、装配工艺、包装运输及人机工程、造型美学等出发，确定各零部件的相对位置、结构形状及连接方式；根据运动和动力设计及强度和刚度计算，选择零件材料、热处理方法和要求，确定零件尺寸、公差、精度及制造安装的技术条件等；绘制总装图、部件装配图、零件图，并根据整机运动要求，进行箱体和附件设计。

4. 技术文件编制及答辩（约占总学时的 15%）

整机设计图样，编写设计计算说明书。

图 1-4 所示为机械设计的一般步骤。

第二节　机械设计常用理论和方法

设计工作应充分体现设计目标的社会性、设计方案的多样性、工程设计的综合性、设计条件的约束性、设计过程的完整性、设计结果的创新性和设计手段的先进性。科学技术的进步，为设计者提供了越来越丰富的技术手段和方法，机械工程设计也有它自己的特点和必须遵循的科学规律，只有掌握设计规律和先进的设计方法，充分发挥聪明才智，才能圆满地完成设计任务。下面简要介绍几种常见的设计方法。

1. 机械系统设计

机械系统设计研究组成系统的各部分及其内在联系，从整体系统出发，建立基本设计原则，是辩证解决设计问题的一种设计方法。系统设计方法的主要思想是在设计过程中强调系统内部和外部环境的关系，强调整体系统和分系统的关系，并以之贯穿于整个设计过程。

2. 优化设计

优化设计是应用数学最优化原理解决实际问题的设计方法。它是针对某一设计任务，以结构最合理、工作性能最佳、成本最低等为设计要求，在多种方案、多组参数、多个设计变量中确定主要设计变量的取值，使之满足最优设计要求。在机械设计中，优化设计体现为最佳设计方案的确定和最佳设计参数的确定。

进行优化设计时，首先要对具体的工程问题进行比较深入地了解，选择优化计算方法，构造合适的数学模型，寻找最优设计结果，找出最佳设计参数。例如，在连杆机构运动尺寸设计中，在实现同样的运动学要求（如轨迹复现要求）的前提下，可以将机构效率最高、结构紧凑或误差最小作为设计目标。通过参量优化调整，寻找使得机构运动误差最小且结构紧凑的一组机构设计参量。

3. 可靠性设计

可靠性是指产品或系统在规定时间内、在一定条件下无故障地执行指定功能的能力或可能性。产品的可靠性需有一个定量的表述，比如可通过可靠度、失效率、平均无故障间隔等来评价产品的可靠性。但可靠性的定量表述具有随机性，对于任何产品来讲，在其可靠工作与失效之间，都具有时间上的不确定性。因此，对于不同类型的可靠性问题，就需要有不同的表述方式，常见的有可靠度、无故障率、失效率、平均无故障时间等。合理规划分配各部分的可靠性指标，可以最大限度地发挥各部分的设计优势，保证产品在工作品质、技术标准和安全使用等方面达到高效、优质。

机械设计中常用到的可靠性概念，如齿轮设计中，计算许用应力时所用的安全系数与其设计可靠度有关；滚动轴承的寿命，一般取为可靠度是 90% 时的工作次数或时间等。

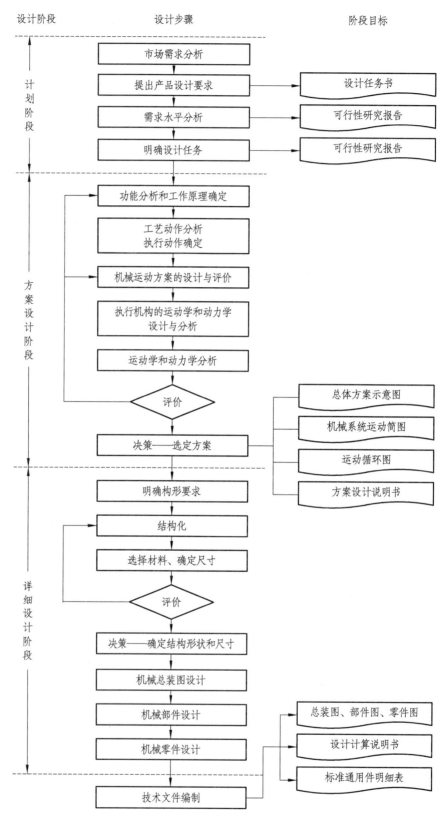

设计阶段	设计步骤	阶段目标

计划阶段
- 市场需求分析
- 提出产品设计要求 → 设计任务书
- 需求水平分析 → 可行性研究报告
- 明确设计任务 → 可行性研究报告

方案设计阶段
- 功能分析和工作原理确定
- 工艺动作分析 执行动作确定
- 机械运动方案的设计与评价
- 执行机构的运动学和动力学设计与分析
- 运动学和动力学分析
- 评价
- 决策——选定方案
  - 总体方案示意图
  - 机械系统运动简图
  - 运动循环图
  - 方案设计说明书

详细设计阶段
- 明确构形要求
- 结构化
- 选择材料、确定尺寸
- 评价
- 决策——确定结构形状和尺寸
- 机械总装图设计
- 机械部件设计
- 机械零件设计
  - 总装图、部件图、零件图
  - 设计计算说明书
  - 标准通用件明细表
- 技术文件编制

图 1-4　机械设计基本步骤

对于系统而言，其总体可靠性是由各部分零部件的可靠性来保证的，采用标准件、通用件，简化零件结构，减少零部件数量等都是提高可靠性的途径。

4. 摩擦学设计

摩擦学是研究摩擦、磨损和润滑的科学，涉及材料、化学及流体力学等多个学科，依据摩擦学原理和方法进行的设计称为摩擦学设计。统计表明，全球生产能源的 1/3 ~ 1/2 消耗于摩擦，80%的机械零件失效与摩擦学问题有关。因此，摩擦学设计在工业生产中具有重要的地位。

机械系统中有利用摩擦和尽量减小摩擦两类设计。前者如摩擦式离合器、制动器和带传动等，后者的典型应用有滑动轴承等。

5. 反求设计

反求设计也称为逆向设计，是指设计师对产品实物样件表面进行数字化处理（数据采集、数据处理），并利用可实现逆向三维造型设计的软件来重新构造实物的 CAD 模型（曲面模型重构），并进一步用 CAD/CAE/CAM 系统实现分析、再设计、数控编程、数控加工的过程。反求设计通常可以分为反求和再设计两个阶段。反求阶段主要是通过对原有产品或技术的剖析，吸取关键技术，达到为我所用；查证原有产品或技术存在矛盾及问题，为改进或创新设计明确方向。再设计阶段也称二次设计阶段，主要是仿型或开发出同类型的创新产品。反求设计在有些国家的技术进步中起到了十分重要的作用。例如，第二次世界大战后，某国经济状况近乎瘫痪，在 1945—1970 年间，该国投入 60 亿美元，用相当于自行研制费用的 1/30 和自行研制周期的 1/6 时间，消化吸收了众多先进国家的技术产品，并加以研究发展，开发专项技术，使其产品突破了当时某些先进工业国家的水平，30 余年后成为世界经济强国。

6. 创新设计

机械设计是为达到预定设计目标的思维和实现的过程，设计产品应有所创新。因而，设计者应具有良好的专业技术水平和广博的知识视野，才能借鉴前人的经验，推陈出新，最终得到符合设计标准和独创新颖的设计结果。常用的创新设计方法有：智力激励法、提问列举法、联想类推法、组合创新法、仿生移植法和系统搜索法等。

目前，基于 TRIZ 理论（Teoriya Resheniya Izobreatatelskikh Zadatch，发明问题的解决理论）的创新设计方法及软件工具正逐渐成为设计师从事创新设计的绝佳助手。它通过建立一系列普适性工具帮助设计者尽快获得满意的领域解。它是基于技术的发展演化规律研究整个设计与开发过程，而不再是随机的行为。相对于传统的创新方法，比如试错法、头脑风暴法等，TRIZ 理论具有鲜明的特点和优势。它成功地揭示了创造发明的内在规律和原理，着力于澄清和强调系统中存在的矛盾，而不是逃避矛盾；其目标是完全解决矛盾，获得最终的理想解。实践证明，运用 TRIZ 理论，可大大加快人们创造发明的进程，而且能得到高质量的创新产品。

7. 其他常用设计方法

当今科学技术迅速发展，为了满足社会的各种需求，产生了很多新的设计理论和方法，如并行设计、绿色设计、模块化设计、三次设计、虚拟设计、智能设计、相似性设计、人机工程设计等。所有这些设计方法都是以系统性、社会性、创造性、智能化、数字化和最优化为特征，以快速、便捷的方式获得高技术经济价值为目标的。

第二章 机械系统的方案设计

机械系统通常由原动机、传动装置、执行机构和控制机构组成。机械装置总体设计的任务是拟定执行机构和传动装置的方案，进行执行机构与传动机构运动及动力参数设计与计算，选定原动机的类型和具体的规格型号，确定传动部分的总传动比，并完成各级传动比的分配，为传动机构和执行机构的设计提供依据。

第一节 机械系统总体设计方案确定的基本原则

机械装置总体方案通常按照以下设计原则确定。

（1）保证机械装置功能的实现。要求设计原理正确，实现方法合理，满足产品的功能及品质要求。

（2）满足相关的安全可靠性指标。这些指标应包括在非正常工作条件下，对产品本身及操作者的安全提供保证。例如，飞机设计中的救生系统，地铁上紧急按钮的潜在指示等。

（3）具有良好的结构工艺性。所设计的产品在工艺上要求加工和装配易于实现，并具有较好的经济性。因此，设计者应力求简化设计对象的施工工艺，使生产过程简单、周期短、成本低。

（4）具有良好的维护性。在设备使用过程中，要求在较短的时间内，设备能完成指定的检修维护过程，通常以设备的平均无故障时间和最大检修时间作为基本维护指标，而模块化设计则是其主要实现手段。

（5）具有良好的技术经济性。技术经济性是以产品的技术价值与经济价值之比来衡量的。产品技术含量越高，价格成本越低，其技术经济性越好。

（6）具有一定的创新性。创新性决定了产品的自主知识产权含量，是评价设计水平的重要依据之一。独创新颖的设计需要创新思维，也需要借鉴前人的经验，研究优秀的设计产品，发挥主观能动性，并勇于创新。

第二节 机械系统运动方案的构思

要设计一台新设备，首先考虑的是怎样实现设备的功能，也就是采用什么样的运动方案来实现设备的功能。这是最富创新性和决定性的工作，其对机械的性能、尺寸、外形、工作质量、制造成本及后期维护费用等方面具有重大的影响。要尽量全面考虑人机关系、制造工艺性、装拆及维护工作、工作环境和机械系统与外部系统的协调等多方面的问题。图2-1所示为执行机构系统方案设计的一般流程。

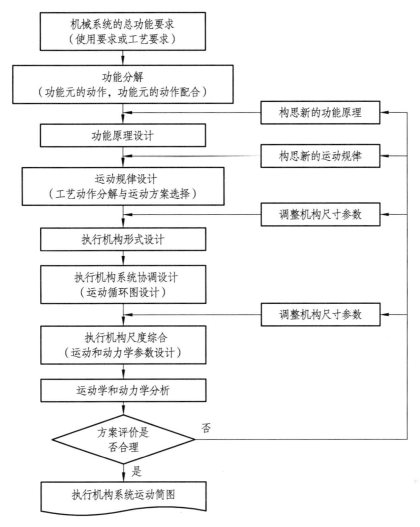

图 2-1　执行机构系统方案设计的一般流程

一、功能原理设计

任何一台机械设备都应该具有相应的功能，而每一项功能都是按照一定的工作原理来实现的。作为设计者在设计机械设备时首先要考虑的就是设备的每一项功能的工作原理，这就是功能原理设计。

【实例 2-1】内螺纹加工功能原理方案设计。

如图 2-2 所示为内螺纹加工原理方案。

方案（a）：挤压加工属于无屑加工。加工过程与攻丝一样，挤压丝锥旋入预钻孔，在轴向和径向中挤出材料，从而形成特有的齿型螺纹轮廓。螺纹挤压成型适用于塑性变形比较好的材料，在铝合金加工中应用最多，如图 2-2（a）所示。

方案（b）：采用车床加工。夹具带动工件转动，刀具进行上下和左右运动，如图 2-2（b）所示。

方案（c）：采用镗床加工。工件不动，刀具同时进行转动、上下移动和左右移动，如图

2-2（c）所示。

方案（d）：采用钻床加工。工件固定不动，钻头同时进行转动和上下运动，如图 2-2（d）所示。

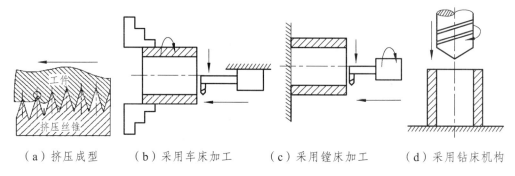

（a）挤压成型　　（b）采用车床加工　　（c）采用镗床加工　　（d）采用钻床机构

图 2-2　内螺纹加工原理方案

设计者根据每种方案的优缺点最终确定一种方案作为该设备的功能原理设计方案。大批量生产中，通常采用方案（a）；单件小批量生产中，方案（d）较为合适，该方案运动比方案（b）和方案（c）简单，由两个运动组成。

【实例 2-2】地铁隧道管片内壁自动清洗装置功能原理方案设计。

1. 项目需求分析

盾构施工以其安全、快速、高效的特点在国内外地下工程，尤其是城市地下铁道施工建设中得到越来越广泛的应用。但在使用盾构进行城市地铁隧道施工的过程中，因盾构施工本身的固有特征以及管片自身的清理维护等因素，不可避免地造成施工完成后管片内壁附着淤泥、尘垢等现象，严重影响了隧道内的环境质量（如图 2-3、图 2-4 所示），也对竣工后的列车通行环境造成了不利影响。现有的施工现场采用了人工手持式清理方式，但其清洗效果（特别是管壁清洁的水流覆盖均匀性）、清洗效率均不理想，且人工清洁劳动强度大，清洁过程中还要注意避开管片输送列车，不可避免地存在较大的安全隐患。因此，如何解决隧道管片内壁的自动、高效清洗问题，减少交叉作业所带来的安全隐患，成为盾构隧道施工后期要解决的主要问题。因此，开发管片内壁自动清洗装置非常重要和必要。

图 2-3　地铁盾构施工现场

图 2-4　地铁盾构施工末端设备

清洗机总体设计思路如图 2-5 所示。

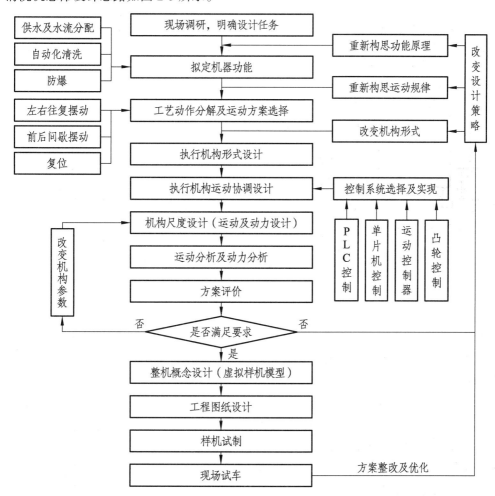

图 2-5 地铁隧道管片内壁自动清洗装置总体设计思路

2. 清洗机功能的确定

根据上述需求分析可知，该清洗装置主要用于地铁隧道管片内壁的清洗，应具备自动化程度高、无清洗死角、人工干预少、工人劳动强度低、清洗效率高以及安全、可靠等优点，因此，清洗机应具备自动化清洗（包括清洗路径规划）、供水及水流分配、防爆、清洗垃圾清理及回收四项主要功能，如图 2-6 所示。

图 2-6 自动清洗装置功能分解

以下将着重介绍其核心功能——自动清洗功能的总体设计方案。

3. 自动清洗总体方案拟定（拟定机器功能原理）

根据现场调研及资料分析，清洗方案可在如下三个方案中选择（如图 2-7 所示）。

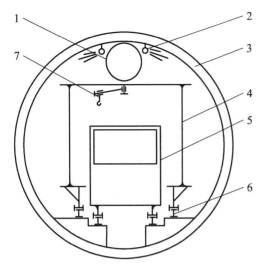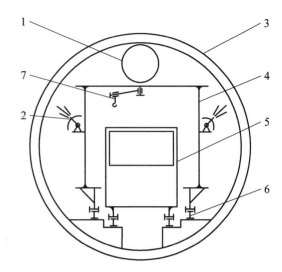

（a）固定式分散喷淋方案　　　　　　　（b）随车移动集中式喷淋方案

1—风管；2—喷管；3—隧道管片；4—盾构车；5—泥土搬运车；6—钢轨；7—转臂。

图 2-7　自动清洗总体方案设计

总体方案一：将喷管沿隧道管片轴向全程固定安装。由于喷管固定，因此这种方案的优点是整个方案所需机械部件少，甚至不需要机械部件，对机械部件的运动姿态要求低；缺点是所需喷管管线较长，沿途水压分布不均匀，后端水压较低，可能难以满足水射流靶距的要求。

总体方案二：将喷管固定在盾构车末端的两根柱梁上，随盾构车一起移动，在移动过程中对管片进行清洗，也可在停止时根据需要对管片进行清洗。这种方案的优点是所需水流管线短，布置灵活，水流覆盖面较为规则，且无清洗死角；但由于喷头位置固定，同时又要求对管片内壁 360°全向清洗，因此对机械部件的运动姿态要求较多，要求喷头需实现径向摆动，以及前后间歇式摆动及复位功能。

总体方案三：将喷头布置在盾构车末端台车的转臂上，可随转臂在水平面内摆动，也可在水平面内绕转臂的摆动点在径向方向移动（此方案未在图 2-7 中画出）。这种方案的优点是喷头数量少，喷头活动范围较大；但缺点是水流清洗覆盖面不规则，由于转臂的摆动在盾构车上并无原始驱动装置，因此还需对盾构末端台车进行改装，增加转臂驱动装置，同时还要增加转臂上的吊钩沿着转臂在径向移动的驱动装置，因此增加了项目研发的工作量，且施工方不一定允许对盾构台车进行改造，而且清洗设备装上后有可能超出工程施工限界。另外，有的盾构末端台车上并不一定有转臂。

综合对比以上三个清洗装置的功能原理方案优缺点，显然选择方案二较为理想。

4. 功能分解（工艺动作分解及运动方案选择）

功能分解就是按照功能原理将实现功能的运动分解成几个基本运动单元。在机构设计中将以基本运动单元为单位进行设计。这种方法是利用系统工程的分解原理，将复杂任务分解成一个个简单的分任务，并逐一攻克。根据上面所述方案二的特点，将自动清洗功能分解成三个基本运动单元，如图 2-8 所示。

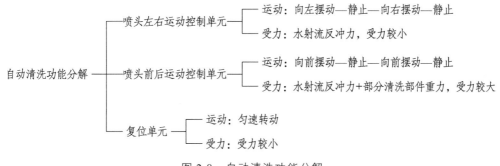

图 2-8　自动清洗功能分解

以上各运动单元具有一定的独立性。注意：在功能分解时要将每个运动单元的运动特点和受力情况描述清楚，以便后面进行机构设计时选择出最合适的方案。

功能分解后每个分机构的功能要求、运动和动力方面的要求就基本明确了。

二、执行机构运动规律设计

根据上述工艺动作分解及喷头运动方案，可得出一个完整的清洗周期，如图 2-9 所示。一个完整的清洗周期包含多个往复周期运动，直至清洗完两环管片，喷头（固定架）再回到起始位置，为下一个清洗周期做准备。以左侧清洗装置为例，其左右往复摆动及前后间隙式摆动示意图如图 2-10、图 2-11 所示。

其清洗流程：开始→校准喷头的左右及前后起始位置→左右方向从右上方到左下方摆动206°→停止左右方向摆动，同时喷头往前摆动 100 mm 清洗距离→停止前后方向的摆动，喷头在左右方向从左下方摆回到右上方起始位置→停止左右摆动，同时喷头再往前摆动 100 mm 清洗距离→停止前后方向的摆动，喷头再从右上方摆到左下方，摆角 206°→……→直至喷头在前后方向已经摆动到终止位置，而后喷头在前后方向摆回到起始位置，再在左右方向摆回到起始位置→一个清洗周期结束。如果执行完一个清洗周期（按拼装两环管片计算）所需总时间按 900 s 计算，则可计算出喷头左右单向摆动 1 次（206°）所需时间为 30 s，则喷头左右摆动的角速度为 1.14 r/min。考虑到控制的方便性，前后摆动的角速度也定为 1.14 r/min。

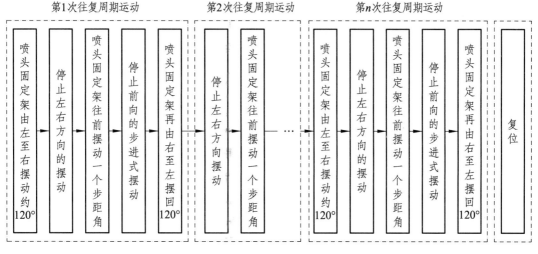

图 2-9　一个完整的清洗周期的动作时序

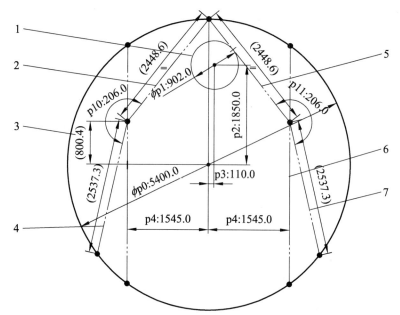

1—风管；2—左喷头摆动起始位置；3—喷头安装高度尺寸；4—左喷头摆动终止位置；5—右喷头摆动起始位置；
6—立柱中心线；7—右喷头摆动终止位置。

图 2-10 喷嘴安装位置示意图

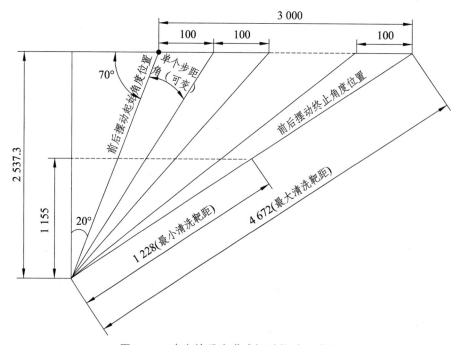

图 2-11 喷头前后步进式间歇摆动示意图

三、执行机构的形式设计（型综合）

执行机构的形式设计就是为每个分机构选择一个能够更好地实现其功能要求、运动和动力方面要求的机构形式。比如前面介绍的自动清洗装置左喷头的运动要求是实现往复摆动，但要求的往复摆动规律比较复杂。该运动要求先逆时针摆动 206°，然后喷头向前（垂直于纸面）摆动一个较小的角度，然后喷头再顺时针摆回 206°，之后喷头再向前（垂直于纸面）摆动一个较小的角度，然后喷头再逆时针摆动 206°，这样重复 7 个周期后，喷头复位。这种设计总行程不大，需要的推动力也不太大。要设计这个机构，首先考虑的是可实现往复摆动这一基本运动的机构都有哪些。齿轮齿条机构、曲柄摇杆机构、蜗杆蜗轮机构、凸轮机构等都可以实现往复摆动。而电机一般是做匀速转动，所以本装置要实现的功能就是如何把电机的匀速转动变为喷头的往复摆动。各种运动以及实现对应运动要求的机构类型如表 2-1 所示。

表 2-1　各种运动与实现对应运动要求的机构类型

运动形态	机构类型
转动转换为连续转动	齿轮机构、带传动、链传动、平行四边形机构、转动导杆机构、双转块机构等
转动转换为往复摆动	曲柄摇杆机构、摆动导杆机构、摆动凸轮机构等
转动转换为间歇转动	棘轮机构、槽轮机构、不完全齿轮机构、分度凸轮机构等
转动转换为往复移动	齿轮齿条机构、曲柄滑块机构、正弦机构、凸轮机构、螺旋传动机构等
转动转换为平面运动	平面连杆机构、行星轮系机构
移动转换为连续转动	齿轮齿条机构（齿条主动）、曲柄滑块机构（滑块主动）、反凸轮机构
转动转换为往复摆动	反凸轮机构、滑块机构（滑块主动）
转动转换为移动	反凸轮机构、双滑块机构

综合考虑各种机构的优缺点及应用场合，结合本案例的实际工况，针对喷头左右摆动的运动要求，可得出图 2-12 所示的六种方案。

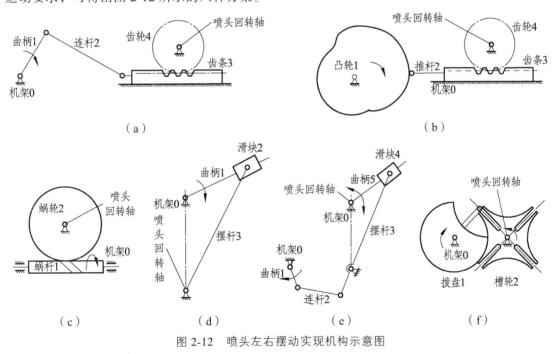

图 2-12　喷头左右摆动实现机构示意图

方案（a）：曲柄滑块与齿轮齿条串联机构。齿条相当于将齿轮直径延展至无限大，借助于连杆机构，可将曲柄的旋转运动转化为直线往复运动，通过齿条齿轮啮合，再将往复移动变为往复摆动。但该机构体积较大，且无法实现停歇，若要实现间歇摆动，则需对电机进行控制，或在运动输入端串联其他间歇运动机构予以实现。

方案（b）：移动从动件盘形凸轮与齿轮齿条串联机构。可通过对凸轮廓线的精确设计实现喷头的间歇摆动。但由于喷头在一个清洗周期中需多次停歇，因此将导致凸轮廓线较为复杂。

方案（c）：蜗杆蜗轮机构。该方案的优点是具有较大的降速比，而且具有反向自锁能力；缺点同方案a，即单靠该机构无法实现喷头的间歇摆动，必须对电机运动进行控制，或在运动输入端串联其他间歇运动机构予以实现，且蜗轮的反转也需电机反转才能实现。

方案（d）：摆动导杆机构。可将曲柄1的连续回转变为导杆3的变速往复摆动。其缺点是机构较为松散，体积较大，且无法独立实现停歇功能，反转运动也需对电机控制才能实现。

方案（e）：曲柄摇杆与摆动导杆串联机构。该机构的特点是，如果机构尺寸取得恰当，可将曲柄1的匀速回转变为摆杆5的近似匀速往复摆动，缺点同方案（d）。

方案（f）：槽轮机构。可将拨盘的匀速整周回转运动变为槽轮的单向变速转动，且具有停歇功能。但在本案例中，由于喷头需要来回摆动，因此单靠该机构无法实现反转，还需其他机构的配合。

由此可见，以上方案均不能独立完成喷头左右间歇式摆动的运动要求，这时可以考虑对常用机构进行改良和创意组合，在此基础上得到最终的备选方案。喷头的前后间歇式摆动的实现可以采用与左右摆动类似的功能原理来实现。综上，通过机构组合及电机类型选择，可得出如下所示的备选方案。

备选方案一：如图2-13所示，该方案采用了一台普通交流电机，通过减速传动装置2-3-4-5将运动传递到一对圆锥齿轮6-7上，通过锥齿轮7带动轴Ⅰ上的圆柱凸轮8，带动摆杆9（也即机座）绕固定轴Ⅳ摆动（即绕x轴摆动），从而实现喷头的前后间歇摆动；同时，再经过带传动10-11将运动传递到轴Ⅱ，通过盘形凸轮机构12-13及齿条齿轮机构13-14带动喷头绕z轴摆动，从而实现喷头的左右间歇摆动。该方案的特点是采用了单自由度机构，运动控制相对简单，电机也可采用普通的交流异步电动机，但缺点是运动传递路线复杂，运动协调设计困难，且零部件众多，制造加工成本较高，系统运行可靠性较低。

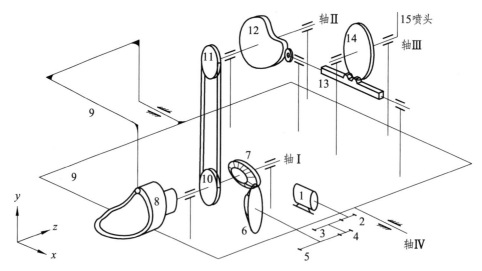

1—电机；2，3，4，5—传动齿轮；6，7—锥齿轮传动；8—端面凸轮；9—机座；
10，11—带传动；12，13—凸轮机构；14—齿轮；15—喷头。

图 2-13　自动清洗装置备选方案一

备选方案二：如图 2-14 所示，该方案采用了 2 自由度机构，由步进电机 2 通过蜗杆传动 7-6 带动基座做垂直于纸面方向的摆动，从而实现喷头的前后间歇摆动，同时通过步进电机 1 经蜗杆传动 5-4 带动喷头做左右间歇式摆动。运动的停歇和往返由程序进行控制，通过调整原动件之间的运动协调关系，可以适应不同清洗生产任务的需要。该方案的特点是系统运动传递路线简单，零部件数量少，而且各个主要传递部件市面上均有货架产品可供选择，因此成本低廉，且运动可靠性较高。

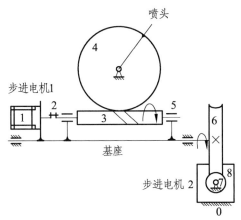

0—机架；1，8—步进电机；2—联轴节；3，7—蜗杆；4，6—蜗轮；5—轴承。

图 2-14 自动清洗装置备选方案二

综合对比两个备选方案的优缺点可见，方案二具有明显的优势，因此选择方案二作为本清洗装置的最终原理方案，并在此基础上进行后期的运动参数设计及详细结构设计。图 2-15 为最终选定的方案二的概念设计图。

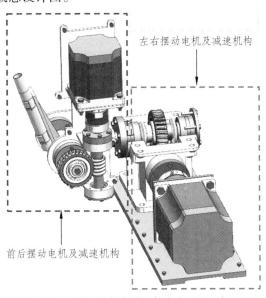

图 2-15 自动清洗装置初始概念设计图

出于控制成本和减小体积和质量的考虑，在清洗装置的最终方案中，可以选择将现有市面上比较成熟的步进电机和蜗杆减速箱整合在一起的传动方案，如图 2-16 所示。整个清洗装置的结构布局如图 2-17 所示。

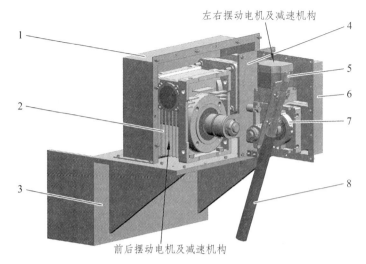

左右摆动电机及减速机构

前后摆动电机及减速机构

1—左右摆动电机防护罩；2—左右摆动电机及减速器；3—机架；4—前后摆动电机及减速器固定板；
5—喷嘴；6—前后摆动电机防护罩；7—前后摆动电机及减速器；8—输水软管。

图 2-16 自动清洗装置最终方案效果图

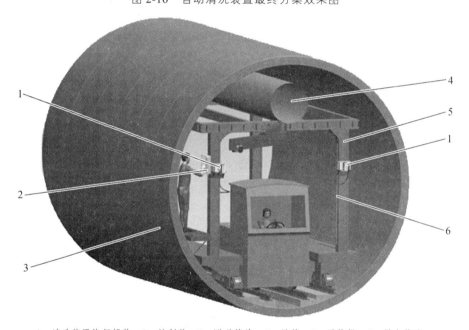

1—清洗装置执行机构；2—控制箱；3—隧道管片；4—风管；5—盾构机；6—供水管路。

图 2-17 地铁隧道管片内壁自动清洗系统总体结构及布局

第三章

机械系统的运动及动力参数设计

在机构系统的运动设计方面，主要设计内容是：在确定了机构构型的基础上，根据系统的性能及运动规律要求，进行机构的总体运动参数设计计算，同时初步拟定原动机的功率。

第一节 机构的总体运动参数设计

一、喷嘴直径的确定

喷嘴直径的确定采用了经验类比的方法，对比现有洗车机清洗效果及隧道清洗工况的实际需要，结合常用喷嘴孔径系列，确定喷嘴出口直径为 $\phi 5$ mm，详细计算过程见第四章。

二、减速传动方案及传动比的确定

减速装置属于传动系统，主要用于将原动机输出的运动和动力以一定的转速、转矩或推力传递给执行机构。表 3-1 列出了常见传动装置的性能及适用范围，表 3-2 列出了常用减速器的形式及应用特点。

表 3-1 常用传递装置的性能及适用范围

性　能	平带传动	V 带传动	圆柱摩擦轮传动	链传动	齿轮传动	蜗杆传动
常用功率/kW	≤20	≤100	≤20	≤100	≤50 000	≤50
单级传动比	2~4 ≤5	2~4 ≤5	2~4 ≤5	2~5 ≤6	2~5 ≤5~8[①]	10~40 ≤80
线速度 v/（m/s）	≤25	≤25~30	≤15~25	≤40	≤18/36/100[②]	≤50
传动效率	中	中	较低	中	高	较低
外廓尺寸	大	较大	大	较大	小	小
传递运动准确性	有滑差	有滑差	有滑差	有波动	传动比恒定	传动比恒定
工作平稳性	好	好	好	差	较好	好
过载保护能力	好	好	有	无	无	无
使用寿命	较短	较短	较短	中	长	中
缓冲吸振能力	好	好	好	较差	差	差
制造安装精度要求	低	低	中	中	高	高
润滑要求	无	无	少	中	较高	高
自锁能力	无	无	无	无	无	可有
成本	低	低	低	中	中	高

① 锥齿轮荐用小值。
② 三值分别为 6 级精度直齿、非直齿和 5 级精度直齿荐用值。

表 3-2　常用减速器的形式及应用特点

名　　称		运动简图	传动比范围		特点及应用
			一般	最大值	
一级圆柱齿轮减速器			直齿 $i \leqslant 5$；斜齿 $i \leqslant 10$	10	齿轮一般有直齿、斜齿或人字齿。结构紧凑，效率较高，精度易于保证，应用广泛
二级圆柱齿轮减速器	展开式		8 ~ 40	60	齿轮相对支承的位置不对称，轴应有较大的刚度，以缓和轴在弯矩作用下产生弯曲变形所引起的载荷沿齿宽分布不均匀的现象，用于载荷平稳的场合，高速级常用斜齿
	同轴式				减速器的长度方向尺寸较小，但轴向尺寸较大。两对齿轮浸入油中的深度可大致相等。中间轴较长，刚度差，容易使齿宽方向载荷不均，其上轴承润滑较难
	分流式				高速级做成人字齿，低速级做成直齿。结构较为复杂，但齿轮相对于轴承对称布置，轮齿沿齿宽受载均匀。中间轴的转矩相当于轴所传递转矩之半，可用于大功率、变载荷的场合
一级锥齿轮减速器			直齿 $i \leqslant 3$；斜齿 $i \leqslant 6$	6	用于传递相交轴的运动，可做成卧式或立式。轮齿可做成直齿、斜齿或曲齿
锥齿轮-圆柱齿轮减速器			8 ~ 15	直齿22斜齿40	锥齿轮放在高速级，可使其不致因尺寸过大而造成加工困难。锥齿轮可做成直齿、斜齿或曲齿；圆柱齿轮可做成直齿或斜齿
蜗杆减速器	蜗杆下置		10 ~ 40	70	蜗杆装在下面，润滑方便，但当蜗杆圆周速度过大时，搅油损失大。这种减速器一般用于蜗杆圆周速度 $v \leqslant 4 \sim 5 \ \text{m/s}$ 的场合
	蜗杆上置				蜗杆在蜗轮上面，装拆方便，适用于蜗杆圆周速度较高的场合，但蜗杆轴承的润滑不太方便，需采取特殊的结构措施

名　称		运动简图	传动比范围		特点及应用
			一般	最大值	
齿轮-蜗杆减速器	齿轮在高速级		60~90	480	将齿轮传动布置在高速级时,整机结构比较紧凑
	蜗杆在低速级			320	蜗杆传动布置在高速级,其传动效率较高,适合较大的传动比
行星齿轮减速器		1—中心轮;2—行星轮; 3—内齿轮;H—系杆。 (NGW 型)	3~9	20	比圆柱齿轮减速器体积小,结构紧凑,质量小,但结构较为复杂,制造和安装精度要求高,传动效率低.

　　对照表 3-2 所示的各传动机构的优缺点,结合本清洗装置的实际工况需求,可见采用下置式蜗杆传动能够较好地满足清洗功能的减速要求,同时,在传动比选用适当的情况下又具有较好的自锁特性,能够在步进电机停机时起到较好的机械保护作用。

　　传动装置主要由传动、支承等零部件组成。在选择传动方案时,除了要考虑传动比的因素之外,还要保证传动装置工作可靠,力求结构简单、紧凑,易于加工与维护,且成本低,效率高。常见机械传动和支承的效率取值范围见表 3-3。

表 3-3　常用机械传动和支承的效率取值范围

传动种类及工作状态		效率 η
圆柱齿轮传动	油润滑很好跑合的 6、7 级精度齿轮	0.98~0.99
	油润滑 8 级精度齿轮	0.97
	油润滑 9 级精度齿轮	0.96
	脂润滑开式齿轮	0.94~0.96
锥齿轮传动	油润滑很好跑合的 6、7 级精度齿轮	0.97~0.98
	油润滑 8 级精度齿轮	0.94~0.97
	脂润滑开式齿轮	0.92~0.95
蜗杆传动	油润滑自锁蜗杆	0.40~0.45
	油润滑单头蜗杆	0.70~0.75
	油润滑 2~4 头蜗杆	0.75~0.92

传动种类及工作状态		效率 η
带传动	平带无张紧轮	0.98
	平带有张紧轮	0.97
	V 带	0.96
链传动	滚子链	0.96
	齿形链	0.97
摩擦传动	平摩擦轮	0.85～0.92
	槽形摩擦轮	0.88～0.90
复滑轮组	滑动轴承支承（$i=2\sim6$）	0.90～0.98
	滚动轴承支承（$i=2\sim6$）	0.95～0.99
联轴器	浮动联轴器（十字滑块联轴器等）	0.97～0.99
	齿式联轴器	0.99
	弹性联轴器	0.99～0.995
	万向联轴器（α 值小，η 值大）	0.95～0.98
传动滚筒	驱动传动带运动的滚筒等	0.96
滚动轴承	球轴承	0.99（一对）
	滚子轴承	0.98（一对）
滑动轴承	液体润滑	0.99（一对）
	润滑良好（压力润滑）	0.98（一对）
	一般正常润滑	0.97（一对）
	润滑不良	0.94（一对）
减/变速器	一级圆柱齿轮减速器	0.97～0.98
	二级圆柱齿轮减速器	0.95～0.96
	行星圆柱齿轮减速器	0.95～0.98
	一级锥齿轮减速器	0.95～0.96
	圆锥-圆柱齿轮减速器	0.94～0.95
	无级变速器	0.92～0.95
	摆线针轮减速器	0.90～0.97
	一般滑动螺旋传动	0.30～0.60

　　机械传动中，带传动靠摩擦传力，承载能力相对较小，结构尺寸相对较大，但传动平稳，宜布置在高速级。齿轮传动中，由于斜齿轮传动较平稳，闭式传动润滑条件较好，因此置于高速级；而直齿轮、开式传动一般放在低速级；锥齿轮加工较困难，尺寸不宜过大，应置于高速级。蜗杆传动的传动比大、结构紧凑，但效率较低，故适宜用在中、小功率的场合，设计时应注意润滑与散热。链传动因具有多边形效应，冲击较大，故宜用于低速级。螺旋传动、连杆机构和凸轮机构等的设计布置常靠近执行元件。

传动装置的总传动比根据电动机的满载转速 n_d 和工作机转速 n_w 计算确定。

$$i = n_d/n_w \qquad\qquad (3-1)$$

由传动方案可知，传动装置的总传动比 i_a 为各级传动比的连乘积，即

$$i_a = i_1 i_2 \cdots i_n \qquad\qquad (3-2)$$

传动装置各级传动比的分配结果对传动装置的外廓尺寸和质量均有影响。分配合理，可以使其结构紧凑、成本降低，且较易获得良好的润滑条件。传动比分配主要应考虑以下几点：

（1）对于不同的传动形式和不同的工作条件，传动比常用值如表 3-2 所示。其传动比最好在推荐范围内选取，以符合各种传动形式的工作特点，但一般不超过最大值。

（2）注意使各级传动的尺寸协调，避免发生相互干涉，且要易于安装。图 3-1 所示的二级圆柱齿轮减速器中，由于高速级传动比分配过大，导致高速级大齿轮与低速轴产生了运动干涉。又如图 3-2 所示，由 V 带和一级圆柱齿轮减速器组成的二级传动中，由于带传动的传动比过大，使大带轮外圆半径大于减速器中心高，造成尺寸不协调，安装时需将地基局部降低或将减速器垫高。为简化安装条件，可适当降低带传动的传动比。

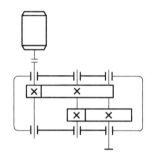

图 3-1　高速级大齿轮与低速轴干涉

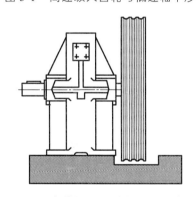

图 3-2　大带轮尺寸过大的安装情况

（3）尽量使传动装置的外廓尺寸紧凑或质量较小。图 3-3 所示为二级圆柱齿轮减速器在中心距和总传动比相同（ $a = a'$ ， $i_1 i_2 = i_1' i_2'$ ）时，由于传动比分配不同，其外廓尺寸不同。图 3-3（a）所示方案的 i_2 较小，低速级大齿轮直径也较小，结构较为紧凑。

（4）尽量使各级大齿轮浸油深度合理。在卧式齿轮减速器中，既要使各级齿轮得到充分的润滑，又要避免因齿轮浸油过深而导致搅油损失过大，因此设计时应使高速级传动比略大于低速级，从而使各级大齿轮直径接近相等，如图 3-3（a）所示。此时，高、低速级大齿轮

都能浸到油，且浸油深度均在合理范围内。图 3-3（b）所示的方案中，两个齿轮的几何尺寸相差过大，极不协调，除了导致整个减速装置的总体积增大之外，在采用浸油润滑时，将使大尺寸齿轮浸油过深，造成搅油损失过大。

设计时，传动比的分配应综合考虑各方面的因素，以获得较佳的设计方案为准。对于二级展开式圆柱齿轮减速器，一般推荐按 $i_1 \approx 1.3 \sim 1.4 i_2$ 进行分配；二级同轴式减速器可取 $i_1 \approx i_2$（i_1，i_2 分别为高速级和低速级齿轮的传动比）；对于锥齿轮-圆柱齿轮减速器，为了便于加工，大锥齿轮尺寸不宜过大，为此应限制高速级锥齿轮的传动比，使 $i_1 \leqslant 3$，一般取 $i_1 \approx 0.025i$；螺杆减速器，$i_2 = 0.03 \sim 0.06i$；二级蜗杆减速器，$i_1 = i_2$。

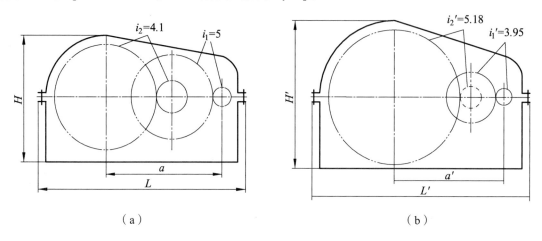

（a）   （b）

图 3-3　不同的传动比分配对外廓尺寸的影响（$H < H'$，$L < L'$）

综上所述，对于本清洗装置而言，结合后期的电机类型选择（选择步进电机）以及尽量追求清洗装置紧凑小巧的特性，这里的清洗装置传动部件采用了蜗杆减速器，根据步进电机常用的工作转速范围（步进电机的转速可通过调节脉冲宽度进行调整），再考虑到喷嘴左右摆动和前后摆动速度都不高，且为间歇性运动，而且有一定的自锁性能要求，因此最终确定左右摆动步进电机减速器减速比为 1∶40，型号为 NRV050；前后摆动步进电机减速比为 1∶30，型号为 NRV030，并采用油润滑方式。表 3-4 为 NRV030 型蜗杆减速器部分参数，表 3-5 为 NRV050 型蜗杆减速器部分参数。

表 3-4　NRV030 蜗杆减速器部分参数

	品牌	银联 YL	传动比	1∶30	蜗杆模数	1.44
	适用范围	通用	型号	NMRV030	蜗轮模数	1.44
	输入孔径	11 mm	润滑方式	油润滑	自锁性能	自锁
	输出孔径	14 mm	质量	1.2 kg	螺旋角	4°54′
	安装方式	立式	材质	铝质	输出转速	47 r/min
	中心距	30 mm	电机功率	0.12 kW	输出转矩	16 N·m
	蜗杆材料	20Crq	蜗轮材料	锡青铜		

表 3-5　NRV050 蜗杆减速器部分参数

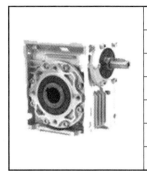

品牌	银联 YL	传动比	1：40	蜗杆模数	1.9
适用范围	通用	型号	NMRV050	蜗轮模数	1.9
输入孔径	14 mm	润滑方式	油润滑	自锁性能	自锁
输出孔径	18 mm	质量	1.2 kg	螺旋角	4°54′
安装方式	立式	材质	铝质	输出转速	35 r/min
中心距	50 mm	电机功率	0.18 kW	输出转矩	32 N·m
蜗杆材料	20Crq	蜗轮材料	锡青铜		

三、理论流量计算

根据相关文献查得理论流量计算公式为

$$q_t = 2.1d^2\sqrt{p} \tag{3-3}$$

式中　d——喷嘴直径，mm；

　　　p——清洗水压，MPa。

经现场实地考察可知，盾构机末端台车主管道的最大工作压力为 1 MPa 左右，而隧道管片内壁污泥的清洗水压需达到 5 MPa 左右（参见第四章），将这个水压力代入式（3-3），可得单喷头（喷嘴直径为 ϕ 5 mm）的理论流量为

$$q_t = 2.1d^2\sqrt{p} = 2.1 \times 5^2 \times \sqrt{5} = 117.4 \, (\text{L/min})$$

但应注意，该公式计算得出的结果与实际存在一定的误差。因此，实际流量需求还需经过试验验证。

四、水射流反冲力计算

根据相关文献，得水射流反冲力计算公式为

$$F = 0.745q\sqrt{p} \tag{3-4}$$

式中　q——水射流流量，L/min；

　　　p——水射流压力，MPa。

所以，水射流反冲力最大值为

$$F = 0.745q\sqrt{p} = 0.745 \times 117.4 \times \sqrt{5} \approx 195.6 \, (\text{N})$$

第二节　驱动电机的选择

一般机械装置设计中，原动机多选用电动机。电动机输出连续转动，工作时经传动装置调整转速和转矩，可满足工作机的各种运动和动力要求。

电动机为标准化、系列化产品，由专门厂家按国家标准生产，性能稳定，价格较低。设计时可根据设计任务的具体要求，从标准产品目录中选用。

一、电机类型和结构形式的确定

电动机的种类繁多，分类也多种多样，按照功能可以分为驱动电动机和控制电动机。驱动电动机注重的是电动机启动和运行时的品质，而控制电动机注重运动精度和响应速度等方面的品质。

1. 驱动电动机及其机械特性曲线

驱动电动机按适应电源的不同分为直流电机和交流电机两种，其中交流电机又分异步电机和同步电机；异步电机按电源相数不同又分为三相异步电机与单相异步电机。

机械工程中常用的各种驱动电机的机械特性曲线如图 3-4 所示，它反映了在一定的电源电压 U 及转子电阻 R 条件下，电动机的输出转速 n 与转矩 M 的关系曲线 $n=f(M)$，称为电动机的机械特性曲线。电动机的机械特性曲线是选用电动机和对以电动机为驱动装置的机械系统进行动力分析时的重要依据。

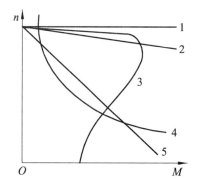

1—同步电机；2—直流并激电机；3—一般异步电机；
4—直流串激电机；5—交流绕线型异步电机。

图 3-4　各种驱动电动机的机械特性曲线

由图 3-4 可见，驱动转矩的增加将导致电动机转速下降，根据转速下降的程度不同，可将电动机的机械特性分为硬特性和软特性两种类型。曲线 1、2、3 反映出当负载转矩在允许范围内变化时，电动机的转速变化不大，尤其是同步电机，当负载转矩在允许限度内变化时，其转速基本保持恒定，这样的电动机的机械特性为硬特性；而曲线 4、5 反映出当负载转矩增加，电动机转速显著下降，但启动转矩大，这样的电动机的机械特性为软特性。

2. 控制电动机及其应用

控制电动机是随着自动控制和计算机技术的发展对普通的驱动电动机进行改进、创新而产生的。由电磁感应原理可知，磁场对电流元的作用力的大小与电流强度、磁感强度等因素有关。如果需要改变电动机的输出速度、运动方向等，可以通过改变电动机能流控制量的大小达到目的，也就是说可以将电动机的输入电压、电流或电压、电流的频率及相位作为控制量实现对电动机输出运动的控制。而改变电动机能流控制量的方式，可以是操作者直接发出控制指令，也可以是工业计算机发出控制指令，还可以是可编程控制器（PLC）发出控制指令。这样就形成了不同的控制电动机工作的基本原理。

常用的控制电动机分为伺服电机和步进电机。

伺服电机可以分为电压控制方式和频率控制方式。电压控制方式是以施加在电动机上的电压 U 为控制信号，按照运动要求进行程序控制。当 $U \neq 0$ 时，电动机立刻转动，而当 $U=0$ 时，电动机停止运动；当要提高电动机的转速时，升高 U，反之则降低 U；当要电动机反转时，将 U 反相。伺服电机可以在很大的速度和负载范围内对电动机的输出运动进行连续而精确地控制。常用的感应伺服电机的速度变化范围为 1 200 ~ 1 500 r/min，交流伺服电机的速度变化范围为 3 ~ 3 000 r/min，快速跟踪响应为 15 ~ 20 ms，高解析度的定位精度达到 0.36°。但是，目前常用的伺服电机的输出功率比较小，同步电机的输出功率仅为几百瓦；功率较大的、用于驱动工作母机主轴等千瓦级以上的感应电机的价格相当高。

步进电机又称为脉冲电机，它将脉冲信号变换为电动机输出轴的角位移。角位移的大小与脉冲数成正比，而角速度与脉冲的频率成正比。通过改变通电顺序，便可以改变定子磁场的旋转方向，从而控制电动机的输出转向。与伺服电机不同的是在步进电机的控制中不需要传感器，不需要反馈，可以实现开环控制。除此之外，步进电机还具有可以用数字信号直接控制、便于与微型计算机相连接的优点。一般情况下，步进电机的体积和输出转矩比交流和直流伺服电机小，需要有特殊的控制器，价格也要高一些。

步距角是步进电机的一个重要的性能指标，它是指电动机转子对应于一个输入电脉冲信号的角位移。目前，市场上磁阻式五相步进电机的步距角为 0.36°或 0.72°，二、四相步进电机的步距角为 0.9°或 1.8°，三相步进电机的步距角为 1.5°或 3°。步进电机在计算机驱动器、绘图仪和数控机床中都有广泛的应用。

由于本清洗装置所需驱动载荷不大，但运动形式相对较为复杂，对运动精度的控制有一定的要求，同时，由于地铁隧道中存在少量瓦斯，因此对电机的防爆性能也有一定的要求。综合上述各种电机的优缺点及适用场合，这里我们选择步距角为 1.8°的两相步进电机作为清洗装置的驱动电机，用两台步进电机分别控制喷嘴的左右摆动和前后摆动。

二、电机容量和转速的确定

电动机主要按照其容量和转速要求选取。电动机容量大，则体积大，质量大，价格高；电动机转速高，磁极对数少，则体积小，质量小，价格低。

对于普通交流异步电动机来说，所选电动机的容量应不小于工作要求的容量，即电动机额定功率 P_{ed} 一般要略大于设备工作机所需的电动机功率 P_d，此功率也是电动机的实际输出功率，即

$$P_{ed} \geqslant P_d \qquad (3-5)$$

式中，P_d 由工作机所需的功率 P_w 和传动装置的总效率 η 决定，即

$$P_d = P_w / \eta \qquad (3-6)$$

式中，η 为传动装置各部分效率的连乘积，即 $\eta = \eta_1 \eta_2 \cdots \eta_n$。

$$P_w = \frac{Fv}{1\,000} = \frac{Tn_w}{9\,550} \qquad (3-7)$$

式中 P_w——工作机所需功率，kW；

F——工作机所需牵引力或工作阻力，N；

v——工作机受力方向上的速度，m/s；

T——工作机所需转矩，N·m；

n_w——工作机转速，r/min。

效率 η 的具体取值，与相关零件的工作状况有关，加工装配精度高、工作条件好、润滑状况佳时，可取较高值，反之应取低值。资料中所给的是一般工作状况下的效率范围，标准组件的效率可按厂家提供的样本选取或计算；需要准确计算时，可参照相关标准或方法计算；工况不明时，为安全起见，可选偏低值。

对于普通交流异步电动机来说，电动机同步转速的高低取决于交流电频率和电动机绕组级数。一般常用电动机的同步转速有 3 000 r/min、1 500 r/min、1 000 r/min、750 r/min 等几种。相同同步转速，有各种容量的电动机可选。电动机同步转速越高，磁极对数越少，其外廓尺寸就越小，质量就小，相应地价格就低。但当工作机转速要求一定时，原动机转速高将使传动比加大，则传动系统中的传动件数、整体体积将相对较大，这可能导致传动系统造价增加，造成整机成本增加。因此，电动机的选择，必须从整机的设计要求考虑，综合平衡。为了能较好地保证方案的合理性，应试选几种电动机，经初步计算后决定取舍。实际计算时可按电动机的满载转速计算。

在本案例中，由于电动机类型选择了步进电机，而步进电机的转速可通过改变控制脉冲频率来实现，但要注意驱动器的细分值的大小，如果是整步，电机运行运转需要 200 个脉冲，如果是半步，电机运行需要 400 个脉冲，以此类推。由于本清洗装置对控制精度要求并不高，基于成本考虑，这里选择步距角为 1.8° 的两相步进电机作为清洗装置的驱动电机。

接下来的问题主要是确定步进电机容量，即步进电机额定保持转矩。

结合前面初步计算出的水射流反冲力的大小，可以初步确定左右摆动步进电机型号为 85H2P6840A4，前后摆动步进电机型号为 57H2P5310A4。其控制系统主要由四轴运动控制器、步进电机驱动器、触摸屏、外置式控制按钮、连接导线（防爆电缆）、防爆箱等元器件组成，其主要功能是实现对喷嘴左右、前后运动的控制，水阀启闭控制。在满足系统清洗功能的前提下，也能满足防爆性能要求。两台电机的相关参数如表 3-6 和表 3-7 所示。

表 3-6　86 系列步进电机参数表

型号	步距角	电压	电流	电阻	电感	保持力矩	转动惯量	引线数	质量	机身长
	（°）	V	A	Ω	mH	N·m	g·cm²	Pin	kg	mm
85H2P6840A4	1.8	2.5	4	0.8*	4.4*	2.4～2.8	1 800*	4	2*	68.5

注：打*号的参数为参考同型号系列电机的参数值。

表 3-7　57 系列步进电机参数表

型号	步距角	电压	电流	电阻	电感	保持力矩	转动惯量	引线数	质量	机身长
	（°）	V	A	Ω	mH	N·m	g·cm²	Pin	kg	mm
57H2P5310A4	1.8	2.4	3	0.6*	2.2*	0.9	470*	4	1.11*	51

注：打*号的参数为参考同型号系列电机的参数值。

（一）步进电机选型计算步骤

步进电机的计算与选型通常按照以下几个步骤进行：

（1）根据机械系统结构，求得加在步进电机转轴上的总转动惯量 J_{eq}；

（2）计算不同工况下加在步进电机转轴上的等效负载转矩 T_{eq}；

（3）取其中最大的等效负载转矩，作为确定步进电机最大静转矩的依据；

（4）根据运行矩频特性、启动惯频特性等，对初选的步进电机进行校核。

（二）左右摆动步进电机的选型计算

左右摆动步进电机的受力工况如图 3-5 所示。

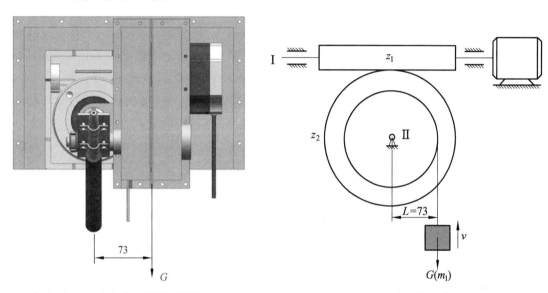

（a）左右摆动步进电机模型结构图　　　　（b）左右摆动步进电机受力分析图

图 3-5　左右摆动步进电机受力工况

1. 步进电机转轴上的总转动惯量 J_{eq} 的计算

加在步进电机转轴上的总转动惯量 J_{eq} 是进给伺服系统的主要参数之一，它对选择电动机具有重要意义。J_{eq} 主要包括电动机转子的转动惯量、减速装置与滚珠丝杠以及移动部件等折算到电机转轴上的转动惯量等。此处由于不存在滚珠丝杠及移动部件，因此只需考虑减速装置及负载折算到电机转轴上的转动惯量即可。

这里，负载重量 G 包括前后摆动电机和减速器重量以及部分输出轴的重量，出于安全冗余方面的考虑，以上部件均以钢质材料的密度代入计算。

通过三维软件对图 3-5（a）中前后摆动步进电机、减速器及输出轴的整体质量测量分析结果约为 4 kg，即 m_1=4 kg。

取轴 I 为等效构件，则轴 I 上的等效转动惯量为

$$J_{eq} = J_1 + J_2 \left(\frac{\omega_2}{\omega_1} \right)^2 + m_1 \left(\frac{v}{\omega_1} \right)^2 = J_1 + J_2 \left(\frac{z_1}{z_2} \right)^2 + m_1 \left(\frac{z_1 L}{z_2} \right)^2 \tag{3-8}$$

其中，$J_1 = J_{左右电机} + J_{蜗杆}$，因蜗杆尺寸参数无法获知，因此此处参照减速器箱体尺寸及蜗杆传动标准参数取近似值，即蜗杆直径 $d_1 = 22.4$ mm，蜗杆长度 $l_1 = 100$ mm。根据表 3-4 可知，蜗杆材料为 20Crq，其密度为 $\rho_1 = 7.82$ g/cm³，据此可计算出其转动惯量为

$$J_{蜗杆} = 0.5\pi r_1^4 \rho_1 l_1 = 0.5 \times 3.14 \times 0.011\,2^4 \times 7.82 \times 10^3 \times 0.1 = 0.193 \times 10^{-4}\ (\text{kg} \cdot \text{m}^2)$$

因此：
$$J_1 = J_{左右电机} + J_{蜗杆} = 1.8 \times 10^{-4} + 0.193 \times 10^{-4} \approx 2 \times 10^{-4}\ (\text{kg} \cdot \text{m}^2)$$

同理：
$$\begin{aligned}
J_2 &= J_{蜗轮} + J_{蜗轮轴} = 0.5\pi r_2^4 \rho_2 l_2 + 0.5\pi r_3^4 \rho_3 l_3 \\
&= 0.5 \times 3.14 \times (0.039^4 \times 8.96 \times 10^3 \times 0.022\,4 + 0.012\,5^4 \times 7.85 \times 10^3 \times 0.135) \\
&= 7.7 \times 10^{-4}\ (\text{kg} \cdot \text{m}^2)
\end{aligned}$$

综上：
$$\begin{aligned}
J_{eq} &= J_1 + J_2\left(\frac{z_1}{z_2}\right)^2 + m_1\left(\frac{z_1 L}{z_2}\right)^2 \\
&= 2 \times 10^{-4} + 7.7 \times 10^{-4} \times 0.025^2 + 4 \times 0.001\,825^2 \\
&= 2.14 \times 10^{-4}\ (\text{kg} \cdot \text{m}^2)
\end{aligned}$$

2. 步进电机转轴上的等效负载转矩 T_{eq} 的计算

步进电机转轴所承受的负载转矩在不同的工况下是不同的，通常考虑两种情况：一种是快速空载启动（工作负载为 0）；另一种情况是承受最大工作负载。

1）快速空载启动时电机转轴所承受的负载转矩 T_{eq1}

$$T_{eq1} = T_{amax} + T_f + T_0 \tag{3-9}$$

式中 T_{amax}——快速空载启动时折算到电机转轴上的最大加速转矩；N·m；

   T_f——移动部件运动时折算到电机转轴上的摩擦转矩，N·m；

   T_0——滚珠丝杠预紧后折算到电机转轴上的附加摩擦转矩，N·m。

以上各参数的具体计算公式如下：

（1）快速空载启动时折算到电动机转轴上的最大加速转矩：

$$T_{amax} = J_{eq}\varepsilon = \frac{2\pi J_{eq} n_m}{60 t_a} \tag{3-10}$$

式中 J_{eq}——步进电机转轴上的总转动惯量，kg·m²；

   ε——电动机转轴的角加速度，rad/s²；

   n_m——电机的转速，r/min；

   t_a——电机加速所用时间，s，一般在 0.3~1 s 选取。

（2）移动部件运动时折算到电机转轴上的摩擦转矩：

$$T_f = \frac{F_摩 P_h}{2\pi \eta i} \tag{3-11}$$

式中 $F_摩$——导轨的摩擦力，N；

   P_h——滚珠丝杠导程，m；

   η——传动链总效率，一般 $\eta = 0.7\sim0.85$；

   i——总传动比，$i = n_s/n_m$，n_m 为电动机转速，n_s 为丝杠转速。

式（3-11）中的导轨的摩擦力为

$$F_{摩} = \mu(F_c + G) \tag{3-12}$$

式中　μ——导轨的摩擦因素（滑动导轨取 0.15 ~ 0.18，滚动导轨取 0.003 ~ 0.005）；

F_c——垂直方向的工作负载，N，车削时为 F_c，立铣时为 F_{cz}，空载时 $F_c = 0$；

G——运动部件的总重量，N。

（3）滚珠丝杠预紧后折算到电机转轴上的附加摩擦转矩：

$$T_0 = \frac{F_{YJ} P_h}{2\pi \eta i}(1 - \eta_0^2) \tag{3-13}$$

式中　F_{YJ}——滚珠丝杠的预紧力，一般取滚珠丝杠工作载荷 F_m 的 1/3，N；

η_0——滚珠丝杠未预紧时的传动效率，一般 $\eta_0 \geqslant 0.9$；

由于滚珠丝杠副的传动效率很高，所以由式（3-13）算出的 T_0 值很小，与式（3-9）中 T_{amax} 和 T_f 比起来，通常可以忽略不计。

2）最大工作负载状态下电动机所承受的负载转矩 T_{eq2}

$$T_{eq2} = T_t + T_f + T_0 \tag{3-14}$$

式中，T_f 和 T_0 分别按式（3-11）和式（3-13）进行计算，而折算到电机转轴上的最大工作负载转矩 T_t 由下式计算：

$$T_t = \frac{F_f P_h}{2\pi \eta i} \tag{3-15}$$

式中　F_f——进给方向最大工作载荷，N。

经过上述计算后，可知加在步进电动机转轴上的最大等效负载转矩应为

$$T_{eq} = \max\{T_{eq1}, T_{eq2}\} \tag{3-16}$$

3. 步进电机的初步校核验算

将上述折算所得的 T_{eq} 乘上一个系数 K，用 KT_{eq} 的值来初选或初步校核步进电机的最大静转矩，其中的系数 K 称为安全系数。因为在工厂应用中，当电网电压降低时，步进电机的输出转矩会下降，可能会造成丢步，甚至堵转。所以，在选择步进电机最大静转矩的时候，要考虑安全系数 K，对于控制，一般应在 2 ~ 4 选取。

在本案例中，由于喷嘴安装在左右摆动步进电机的减速蜗轮转轴中心，所以空载启动和最大工作负载状态下启动对左右摆动步进电机的影响均是一样的，因此，此处只需按空载启动来进行计算即可，并取电机加速时间为 0.3 s，电机的转速根据清洗工艺要求确定为 1.72 r/min，则快速空载启动时折算到电动机转轴上的最大加速转矩为

$$T_{amax} = \frac{2\pi J_{eq} n_m}{60 t_a} = \frac{2 \times 3.14 \times 2.14 \times 10^{-4} \times 1.14}{60 \times 0.3} = 0.85 \times 10^{-4} \ (N \cdot m)$$

清洗装置中并无移动副，也无滚珠丝杠副，因此后两项均可不予考虑，因此

$$T_{eq} = T_{eq1} = T_{amax} = 0.85 \times 10^{-4} \ (N \cdot m)$$

考虑安全系数 $K = 4$，则

$$KT_{eq} = 4 \times 0.85 \times 10^{-4} \text{ N·m} = 3.4 \times 10^{-4} \text{ N·m} < T_{电机} = 2.4 \text{ N·m}$$

因此，左右摆动步进电机所选型号满足启动工况要求。

（三）前后摆动步进电机扭矩验算

1. 工作运行阶段

前后摆动步进电机扭矩的验算方法同左右摆动步进电机类似，只是其工况稍有不同，如图 3-6 所示。其中，F 为水射流反冲力。

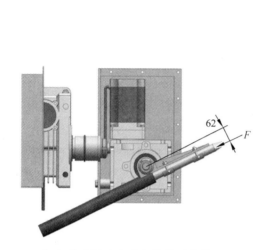

（a）前后摆动步进电机模型结构图　　　　（b）前后摆动步进电机受力分析图

图 3-6　前后摆动步进电机受力工况

水射流反冲力产生的负载转矩为

$$T_{eq} = FL = 195.6 \times 0.062 \approx 12.2 \text{（N·m）}$$

考虑到输水软管重力产生的反向力矩，因此此处取较低的安全系数值，即 $K = 2$，则折算到前后摆动步进电机上的工作转矩为

$$T_c = K \times \frac{T_{eq}}{i} = 2 \times \frac{12.2}{30} \text{ N·m} = 0.81 \text{ N·m} < T_{电机} = 0.9 \text{ N·m}$$

所以工作运行阶段所选的步进电机扭矩足够。

2. 启动加速阶段

此处同样将水射流反冲力产生的负载转矩折算为提升重物的情况，如图 3-6（b）所示，则

$$m_2 = \frac{F}{g} = \frac{195.6}{9.8} \approx 20 \text{（kg）}$$

根据所选的 57H2P5310A4 蜗杆减速箱尺寸及相关参数，再根据蜗杆传动的相关标准，推算出蜗杆与蜗轮的相关尺寸参数如下：

$$d_1 = 20 \text{ mm}, \quad l_1 = 80 \text{ mm}, \quad d_2 = mz_2 = 1.44 \times 30 = 43.2 \text{ mm}, \quad l_2 = 20 \text{ mm}$$

则蜗杆的转动惯量为

$$J_{\text{蜗杆}} = 0.5\pi r_1^4 \rho_1 l_1 = 0.5 \times 3.14 \times 0.01^4 \times 7.82 \times 10^3 \times 0.08 = 0.098 \times 10^{-4} \ (\text{kg} \cdot \text{m}^2)$$

所以：

$$J_1 = J_{\text{前后电机}} + J_{\text{蜗杆}} = 0.47 \times 10^{-4} + 0.098 \times 10^{-4} \approx 0.568 \times 10^{-4} \ (\text{kg} \cdot \text{m}^2)$$

同理：
$$\begin{aligned} J_2 &= J_{\text{蜗轮}} + J_{\text{蜗轮轴}} = 0.5\pi r_2^4 \rho_2 l_2 + 0.5\pi r_3^4 \rho_3 l_3 \\ &= 0.5 \times 3.14 \times (0.021\,6^4 \times 8.96 \times 10^3 \times 0.02 + 0.007\,5^4 \times 7.85 \times 10^3 \times 0.149) \\ &= 0.67 \times 10^{-4} \ (\text{kg} \cdot \text{m}^2) \end{aligned}$$

综上：

$$\begin{aligned} J_{\text{eq}} &= J_1 + J_2 \left(\frac{z_1}{z_2}\right)^2 + m_2 \left(\frac{z_1 L}{z_2}\right)^2 \\ &= 0.568 \times 10^{-4} + 0.67 \times 10^{-4} \times 0.033^2 + 20 \times 0.002\,1^2 \\ &\approx 1.45 \times 10^{-4} \ (\text{kg} \cdot \text{m}^2) \end{aligned}$$

快速空载启动时折算到电动机转轴上的最大加速转矩为

$$T_{\text{amax}} = \frac{2\pi J_{\text{eq}} n_{\text{m}}}{60 t_{\text{a}}} = \frac{2 \times 3.14 \times 1.45 \times 10^{-4} \times 1.14}{60 \times 0.3} \approx 0.577 \times 10^{-4} \ (\text{N} \cdot \text{m})$$

清洗装置中并无移动副，也无滚珠丝杠副，因此后两项均可不予考虑，因此

$$T_{\text{eq}} = T_{\text{eq1}} = T_{\text{amax}} = 0.577 \times 10^{-4} \ (\text{N} \cdot \text{m})$$

因是加速阶段，所以此处考虑较大的安全系数值，即安全系数 $K = 3.5$。

$$KT_{\text{eq}} = 3.5 \times 0.577 \times 10^{-4} \ \text{N} \cdot \text{m} \approx 2.02 \times 10^{-4} \ \text{N} \cdot \text{m} < T_{\text{电机}} = 0.9 \ \text{N} \cdot \text{m}$$

因此，前后摆动步进电机所选型号满足启动工况要求。

至此，步进电机的选型验算完成。

执行机构中包含机器的执行元件，传动装置中包含传动零件（如齿轮、蜗轮）、轴系和支承零件（如轴、轴承、箱体、箱盖）及附件等。本章将介绍执行机构和传动装置的结构设计及其装配图样的设计要求。

第一节 执行机构零部件的结构设计

一、喷头安装位置的确定

喷头是隧道清洗装置执行机构的关键零件，其相关尺寸参数直接决定了隧道管片的清洗效果。喷嘴参数主要包括喷嘴出口流速、喷嘴流量、喷嘴直径等。

喷头的相关参数取值要根据清洗工况的实际环境来决定。如图 4-1 所示为隧道管片内壁空间环境。隧道内壁为直径 $\phi 5.4$ m 的圆形，内壁下侧安装铁轨，供架车和管片运输车运行使用；上方有风管，分布位置如图 4-1 所示。

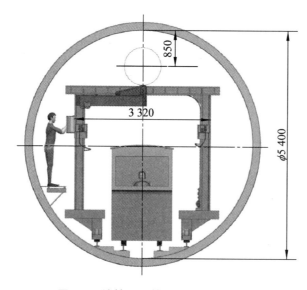

图 4-1 地铁隧道管片内壁空间环境

根据前期的总体方案设计结果，现确定将清洗装置安装在盾构末端台车的两侧立柱上，这样做的好处是可以尽量拓展清洗范围，避开风管遮挡的清洗死角，同时又不干扰运输小车运行，而且可与盾构机同时推进进行清洗工作。

根据图 4-1 所示的相关信息，将隧道内壁环境简化，将风管和隧道内壁理想化为圆形，架车纵梁中心简化为中心线，考虑两侧装置尽可能对称简化设计，并可覆盖包括风管上侧的隧道内壁，本案例设计选择将装置安置在图 2-10 所示的位置，该点处所需最大射程（即清洗靶距）为 4 672 mm。

二、喷头结构尺寸的确定

首先需确定高压水射流的清洗工作压力，如表 4-1 所示为剥离层材料与压力对照表。

表 4-1　剥离层材料与压力对照表

压力/MPa	剥离层材料
5～10	游泥、疏松岩层
21	轻度船舶脏物、轻度燃料油残留物、铝质散热器和壳体
32	疏松混凝土、普通海生物、砂石和泥土层、轻度热轧钢锭氧化层、疏松漆层锈层
42～70	管内混凝土、海生物层、铸铁件模型、跑道除胶、轻基石灰石、石子层、焦油沉积物、常见石化垢层
70～105	混凝土切割和剥除厚漆层、石灰石、大量热轧钢锭氧化皮矽土型芯、燃烧碳沉积物、厚层煤渣
105～210	花岗石、大理石、石灰岩、船舶的环氧基漆、冷冻食品、铅板、铝板橡胶等切割

隧道管片内壁脏污情况属于游泥类，因此理论上清洗压力应为 5～10 MPa，但根据样机现场试验的实际情况来看，即使不使用加压水泵，而只利用盾构机末端台车的现有水压（约 1 MPa）进行清洗的情况下，在最大清洗靶距内仍有较好的效果，只是打击力度稍显不足，因此，此处按经验类比法确定清洗压力为 5 MPa。

高压水射流清洗根据不同的清洗对象和要求，采用的射流形式和执行机构也不同，但其原理可总结为：① 高压水的产生，即由高压发生装置打出具有一定压强的高压水，通过与之配套使用的输水管道到达喷嘴；② 水流从喷嘴射出，这可看成是水流在圆管流动过程中截面突然变大的情况，从而使高压低流速的水转换为低压高流速的射流；③ 高流速的射流正向或切向冲击被清洗表面，并产生冲击力和剪切力，这些力则会对污垢产生冲击、动压力、磨削等作用，使垢层被冲蚀、渗透、剪切、破碎，最终从清洗表面上剥离下来。

水射流对清洗面（靶面）的打击力是影响清洗效果的关键因素，而高压水流从喷嘴射出来打到靶面上包含了两个变量：入射角和靶距，这是打击力的关键定量参数。

1. 入射角

污垢对壁面有着较强的附着力，故射流清洗时，射流对壁面的作用力必须达到一定的临界值才能满足垢层的去除要求，从而达到清洗目的。水射流打击力可分解为水平和垂直分量。其中，水平分量对靶面污垢起切削作用，即为剪切力，决定着前行速度的快慢；垂直分量则为冲击力，对污垢起渗透、破碎作用。若垂直分量低于临界值，射流则只掠过垢层表面而不能起到清洗效果。射流打击力在不同入射角的分解下得到的冲击力不同，因此，为提高清洗效果，不仅需要较大的射流打击力，还需要该力下能够获得较大的冲击力。

在本案例中，由于清洗过程中要求喷嘴间歇性地往前偏转，并且要求一个清洗循环要完成两个管片宽度的清洗面积，因此入射角是变化的，故而很难求得一个最佳入射角，这里参考同类工况下的清洗，确定初始入射角为 70°，如图 2-11 所示。

2. 清洗靶距

清洗作业所需要的水射流通常为非淹没射流，其结构如图 4-2 所示。水射流喷嘴对流体的约束可以使得水射流速度迅速增加，如进口压力为 55 MPa 时，射流速度就能增加至超音速；而当射流进入空气之后，由于紊流引起了射流功率损失，使得紊流区射流速度随着射流距离的增加而降低，最终导致没有足够的能量有效清洗靶件。因此，高压水射流清洗主要运用核心段水流清洗污垢。由此表明：从射流结构特性而言，实际上在进行高压水射流清洗时应当考虑靶距的影响。

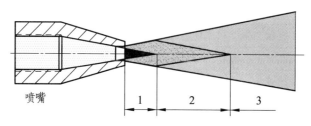

1—原始段；2—基本段；3—发散段。

图 4-2　非淹没水射流结构图

另外，就理论研究发现而言，射流作用于物体表面的实际打击力不仅取决于射流基本参数，同时也与喷嘴与物体间的距离（即靶距）有关。连续高压水射流冲击被清洗物体的过程中，由于喷嘴出口处射流较紧密，冲击后沿物体表面流出，打击力大小有限；当靶距增大时，射流扩散，冲击物体后引起大量液体反溅，会增大对物体的打击力；但随着靶距的继续增大，射流速度将会降低，打击力也就随之减小。

因此，研究射流打击力与靶距的变化关系，对确定射流性能参数尤为重要。通常把射流对物体表面的打击力最大时的靶距称为最佳靶距 l_{opt}。了解最佳靶距与射流基本参数间的关系，有利于确定射流作业的最佳工况。经过试验研究，射流打击力、靶距与射流基本参数间的关系可由下列关系式表示：

$$l_{opt} = 99.7 \left(\frac{p}{100} \right)^{-0.88} d_0^{0.9} \qquad (4-1)$$

$$F_{max} = 120 \left(\frac{p}{100} \right)^{1.15} d_0^{1.75} \qquad (4-2)$$

式中　l_{opt}——最佳清洗靶距，mm；

　　　F_{max}——最大射流打击力，N；

　　　p——水射流压力，MPa；

　　　d_0——喷嘴直径，mm。

F_{max} 一般为 $0.6 \sim 0.85F$，射流压力大、喷嘴直径小时，取较大值；反之，取较小值。

由于前面已经确定清洗压力 $p=5$ MPa，在本清洗装置设计环境中，根据图 2-10 和图 2-11 所示得知，所需的清洗靶距的变化范围为 1 228 ~ 4 672 mm，为兼顾远程和近程距离的清洗效率，本设计优先保证远程喷射的清洗效率，即按最大需求靶距 4 672 mm 作为最佳靶距，代入式（4-1）中，反向计算 d_0 的取值：

$$l_{opt} = 99.7 \left(\frac{5}{100} \right)^{-0.88} d_0^{0.9} = 4\ 672 \text{ mm}$$

所以，$d_0 \approx 3.84$ mm，结合样机试验结果，此处 $d_0 \approx 5$ mm。

一般喷嘴的类型按形状分有圆柱形喷嘴、扇形喷嘴、异形喷嘴等。本案例中选用圆柱形喷嘴，此类喷嘴是在圆锥形喷嘴的基础上发展起来的，是目前最常见的一种连续水射流喷嘴，如图 4-3 所示。

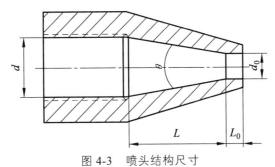

图 4-3 喷头结构尺寸

该类喷头相关特征参数如下：

θ——圆锥角，（°），规定取值范围为 $10° \sim 14°$；

d_0——喷嘴出口直径，mm；

l_0——喷嘴导向段长度，mm，规定取值范围为 $2 \sim 4d_0$；

L——喷嘴圆锥段长度，mm；

d——喷嘴进水口直径，mm，规定取值范围为 $d \geqslant 2.2d_0$。

其余参数取值为

$$\theta = 12°$$

$$L_0 = 4d_0 = 4 \times 5 = 20 \, (\text{mm})$$

$$d = 4d_0 = 4 \times 5 = 20 \, (\text{mm})$$

因圆锥角和进水口直径确定，所以圆锥段长度 L 也相应地自动确定下来。

最大射流打击力为

$$F_{\text{max}} = 120 \left(\frac{p}{100} \right)^{1.15} d_0^{1.75} = 120 \times \left(\frac{5}{100} \right)^{1.15} \times 5^{1.75} \approx 64.2 \, (\text{N})$$

三、喷头固定板结构设计

喷头固定板主要用于固定喷头，其一端通过螺栓与喷头连接固定，另一端与前后摆动步进电机及蜗杆减速器的输出轴通过键联接相互连接装配起来，其悬臂部分由于要承受一定程度的弯矩，因此通过加强筋与轴毂部分连接起来，如图 4-4 所示。在材料选用上选择了市面上来源比较广泛，且价格相对低廉的 Q235 钢。由于受力并不算太大，因此无须热处理。

由于是样机试制阶段，因此在结构组成上，从节省材料成本和加工成本考虑，将其悬臂部分和轴毂部分分开下料加工，再通过组焊的方式连接起来。批量生产阶段，其制造方法可采用铸造方式进行加工制造，材料可选为 HT150。

在结构尺寸上，喷头固定板悬臂部分的板料厚度取 3 mm，固定板的宽度要能保证四颗连接螺钉安装空间的要求，因此确定为 40 mm；四个联接螺栓孔直径为 $\phi 5$ mm，加强筋厚度为 3 mm。其与前后摆动步进电机减速器输出轴连接装配孔径为 $\phi 16$ mm。

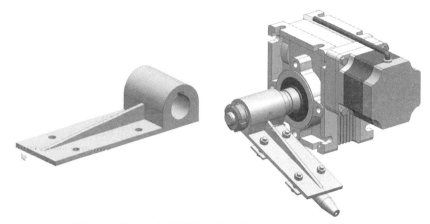

图 4-4　喷头固定板结构及其与箱体之间的连接装配关系

四、前后摆动减速器输出轴结构设计

前后摆动减速器输出轴的作用是传递减速器的输出转矩，通过喷头固定板带动喷头做前后方向的摆动。其结构设计如图 4-5 所示。由图可见，其结构包括喷头固定板锁紧段、喷头固定板安装段、密封罩安装段（其上含有密封环结构）、减速器安装段、减速器安装锁紧段、喷头固定板安装键槽、减速器安装键槽等结构要素。轴的材料为 45 钢调质。

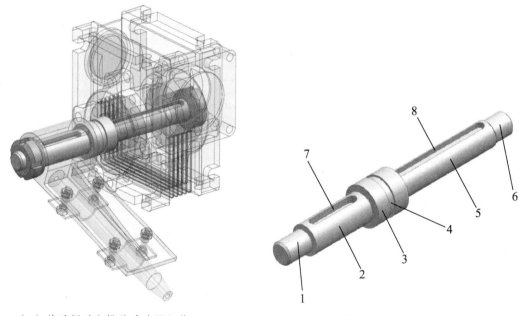

（a）前后摆动电机及减速器组装　　　　（b）前后摆动蜗杆减速器输出轴结构

1—喷头固定板锁紧段；2—喷头固定板安装段；3—密封罩安装段；4—密封环；5—前后摆动减速器安装段；
6—减速器安装锁紧段；7—喷头固定板安装键槽；8—减速器安装键槽。

图 4-5　前后摆动电机及减速器组装及输出轴结构

输出轴各段直径的确定：减速器安装段的直径取决于减速器输出孔径，根据前面所选择的减速器型号，此处直径确定为 $\phi 14$ mm；喷头固定板安装段的直径也取决于喷头固定板的孔径，因而此段直径确定为 $\phi 16$ mm；中间密封罩安装段既是用于安装密封罩的，其端面也对喷头固定板及减速器起着轴向定位作用，考虑到定位轴肩的经验推荐高度及密封环（为标准件）的尺寸规格，此段直径确定为 $\phi 22$ mm，密封环的直径确定为 $\phi 20$ mm；喷头固定板锁紧段主要用于安装锁紧垫圈、锁紧螺母，同时此处的轴肩对喷头固定板起着轴向定位作用，因此此段的直径确定为 $\phi 12$ mm；最后，减速器锁紧段的直径也可同理确定，同时还要尽可能考虑到简化加工工艺参数，使加工尺寸尽量统一，因此此处直径也确定为 $\phi 12$ mm。

输出轴各段长度及轴向尺寸的确定：减速器箱体安装段的长度取决于减速器的宽度，应比减速器宽度小 1～2 mm，因此，此段长度确定为 62 mm；同理，喷头固定板安装段的长度取决于喷头固定板的宽度，因此此段长度确定为 38 mm；两端锁紧段的长度则由锁紧垫圈的厚度、锁紧螺母的高度来决定，由此可确定出喷头固定板锁紧段的长度为 16 mm，减速器锁紧段长度为 13 mm。密封环宽度根据密封圈的尺寸确定为 3.8 mm，密封环剖面距离喷头固定板安装段轴肩的尺寸定为 9.5 mm；两个键槽尺寸则取决于该处两段轴的直径，同时考虑到简化加工工艺的要求，希望尽可能用一把铣刀加工出来，因此可定出两键槽宽度均为 5 mm，长度则由该处两段的轴段长度决定，此处不再详细展开，具体尺寸可参看后面的零件图。

五、大、小密封罩结构设计

密封罩的作用主要有两个方面：其一是防尘，即防止外部粉尘、水雾进入步进电机，保持步进电机清洁，防止受潮，并为步进电机及其减速箱提供一个闭式工作环境，延长减速器内部零件的工作寿命；其二是防爆，由于地铁隧道内部存在少量瓦斯，为了防止爆炸事故的发生，因此必须采取必要的防护措施将步进电机与外部易燃空气隔绝开来，而防爆的关键就是密封效果。

密封罩的结构可采用上下对开式、前后对开式或左右对开式结构，但考虑到其上的孔加工方便性及安装和调整的方便性，此处采用了前后对开式（左右摆动步进电机及减速箱）和左右对开式（前后摆动步进电机及其减速箱）结构，如图 4-6、图 4-7 所示。

对前后摆动电机密封罩而言，为了便于安装减速器输出轴，以及尽量缩小密封罩体积，减轻整个装置的质量，因此在密封罩上开设了通过孔及凹槽，前后摆动电机的密封罩同样如此。通过孔的直径是一个主要参数，它取决于密封圈的尺寸，此处将前后摆动电机密封罩的通过孔直径确定为 $\phi 23.9$ mm，将左右摆动电机密封罩的通过孔直径确定为 $\phi 39.4$ mm。

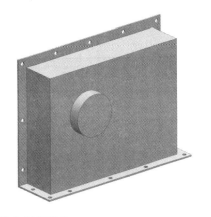

图 4-6　前后摆动电机密封罩结构

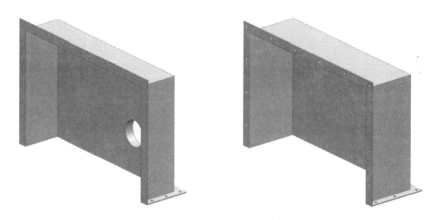

图 4-7　左右摆动电机密封罩结构

　　为了尽可能减轻质量，同时兼顾制造成型的经济性，密封罩厚度设计为 1 mm。在样机试制阶段，可采用 Q235 组焊拼接而成；在批量制造阶段，可采用 HT150 铸造成型，但考虑到铸造成型的方便性，同时防止浇不足及冷隔等缺陷的产生，需适当增大板料厚度，留出必要的铸造圆角。最后再对密封罩底面及相关孔、槽进行铣削或车削。

　　密封罩详细尺寸可参看后面的图纸。

六、前后摆动步进电机减速器固定板结构设计

　　固定板的作用是固定前后摆动步进电机及减速器的位置，通过四个隔离套筒，以螺钉将电机及减速器固定安装在固定板上，前后密封罩也通过螺钉连接在固定板上，如图 4-8 所示。固定板再通过键联接的方式安装在左右摆动减速器的输出轴上，由输出轴带动固定板左右摆动。隔离套筒的作用是防止减速箱与固定板直接接触，避免影响蜗杆减速器的散热效果。

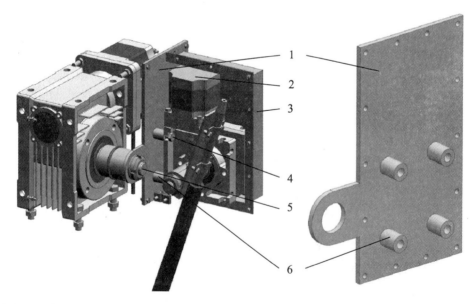

1—固定板；2—前后摆动步进电机及减速器；3—小密封罩；4—连接螺钉；5—左右摆动减速器输出轴；6—隔离套筒。

图 4-8　前后摆动电机及减速器固定板及隔离套筒组装结构

由于在运动过程中要承受一定的重量（包括前后摆动步进电机及减速器、密封罩、隔离套筒以及连接螺钉的重量），而且在运动过程中要承受一定的弯矩，因此要求固定板具有一定的刚度，但同时又要考虑适当减重等因素，因此，此处将固定板厚度确定为 5 mm。

七、左右摆动减速器输出轴结构设计

左右摆动减速器输出轴的作用是传递减速器的输出转矩，通过前后摆动电机及减速器固定板带动喷头做左右方向的摆动。其结构设计如图 4-9 所示。由图可见，其结构包括左右摆动减速器安装锁紧段、左右摆动电机及减速器安装段、轴向定位段、前后摆动减速器固定板安装段、固定板锁紧段以及左右摆动减速器安装键槽、前后摆动减速器固定板安装键槽等结构要素。轴的材料为 45 钢调质。

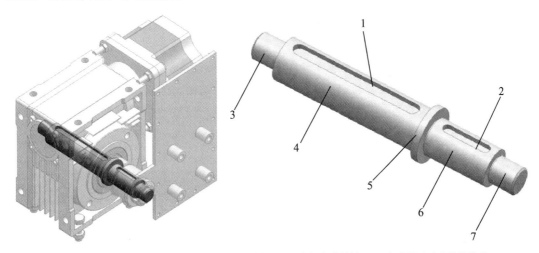

1—左右摆动减速器安装键槽；2—前后摆动减速器固定板安装键槽；3—左右摆动减速器锁紧段；
4—左右摆动减速器安装段；5—轴向定位段；6—前后摆动减速器固定板安装段；
7—固定板锁紧段。

图 4-9　左右摆动电机及减速器组装及其输出轴结构

输出轴各段直径的确定：左右摆动减速器安装段的直径取决于减速器输出孔径，根据前面所选择的减速器型号，此处直径确定为 $\phi 25$ mm；前后摆动减速器固定板安装段的直径也取决于前后摆动减速器固定板密封套筒的孔径，因而此段直径确定为 $\phi 22$ mm；中间轴向定位段的直径只需满足轴向限位的要求即可，因此此段直径确定为 $\phi 32$ mm；左右摆动减速器锁紧段主要用于安装锁紧垫圈、锁紧螺母，因此此段的直径确定为 $\phi 16$ mm；同理，可确定前后摆动减速器固定板锁紧段的直径为 $\phi 16$ mm，这样可以统一加工工艺尺寸，减少调刀次数。

输出轴各段长度的确定：减速器箱体安装段的长度取决于减速器的宽度，应比减速器宽度小 1~2 mm，因此，此段长度确定为 91 mm；同理，前后摆动减速器固定板安装段的长度取决于固定板的厚度及密封套筒的长度，因此此段长度确定为 40 mm；两端锁紧段的长度则由锁紧垫圈的厚度、锁紧螺母的高度来决定，由此可确定出左右摆动减速器锁紧段的长度为 17 mm，前后摆动减速器固定板锁紧段长度为 17 mm。

至于两键槽的宽度，同样由该段轴的直径确定，由此可得左右摆动减速器安装键槽宽度为 8 mm，前后摆动减速器固定板安装键槽的宽度为 6 mm。至此，左右摆动电机及减速器输

出轴的结构设计基本完成。

限于篇幅，其余执行构件如左右摆动电机输出轴密封套、前后摆动减速器安装用的隔离套筒等的结构设计从略。

第二节　传动系统结构设计及相关性能参数

一、普通减速器及其选用

在传动装置中，减速器较为常用。减速器是原动机与工作机之间的独立闭式传动装置，用来降低转速和增大转矩，以满足各种工作机械的需要。减速器的种类很多，按照传动形式不同分为齿轮减速器、蜗杆减速器和行星减速器；按照传动的级数分为单级和多级减速器；按照传动的布置形式又可分为展开式、分流式和同轴式减速器。这里仅讨论由齿轮传动、蜗杆传动以及由它们组合成的减速器。

1. 齿轮减速器

齿轮减速器传动效率及可靠性高，工作寿命长，维护简便，因而应用范围很广。齿轮减速器按其减速齿轮的级数可分为单级、两级、三级和多级；按其轴在空间的布置可分为立式和卧式；按其运动简图的特点可分为展开式、同轴式（又称回归式）和分流式等。

2. 蜗杆减速器

与齿轮减速器相比，在相同的外廓尺寸下蜗杆减速器可以获得更大的传动比，工作平稳，噪声较小，但传动效率较低。蜗杆减速器按其减速蜗杆的级数可分为单级、两级、三级和多级蜗杆减速器。其中，应用最广的是单级蜗杆减速器，两级及以上的蜗杆减速器应用较少。

3. 标准普通减速器的选用简介

普通减速器已有标准系列产品，使用时只需结合所需传动功率、转速、传动比、工作条件和机器的总体布置等具体要求，从产品目录或有关手册中选取即可。只有在选不到合适的产品时，才自行设计制造。

标准减速器的选用主要步骤如下：

（1）确定减速器工况条件：根据实际需求，确定减速器的工况条件，如确定减速器所需要传递的最大功率、减速器的输入转速和输出转速、减速器输出轴与输入轴的相对位置及距离、减速器工作环境温度、工作中有无冲击振动、有无反转要求等。

（2）选择减速器类型：此时，需要根据传动装置总体配置的要求，如所需传动比、总体布局要求、实际的工作环境和工况条件，并结合不同类型减速器的效率、外廓尺寸或质量、使用范围等指标进行综合分析比较，从而选择最合理的减速器类型。

（3）确定减速器规格：选好类型后，需要进一步依据输入转速、传动比、功率、输出扭矩等参数确定减速器的具体规格，对于大型减速器，还需要进行热平衡校核。

二、普通减速器性能参数

图 4-10 ~ 图 4-12 分别给出了二级圆柱齿轮减速器、二级圆锥-圆柱齿轮减速器、蜗杆减速器的部分剖分立体图。表 4-2 列出了减速器箱体各部分结构的推荐尺寸。

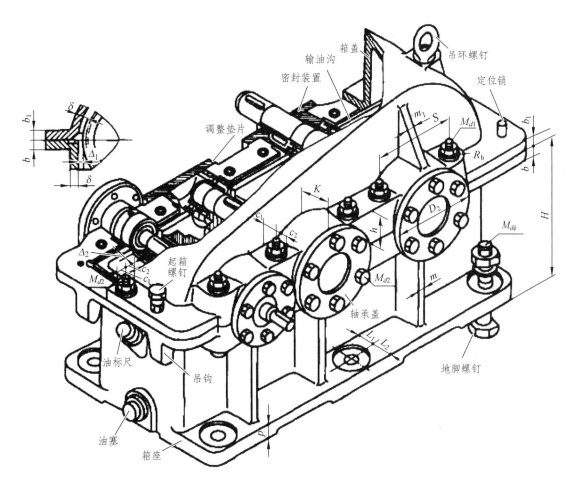

图 4-10 二级圆柱齿轮减速器

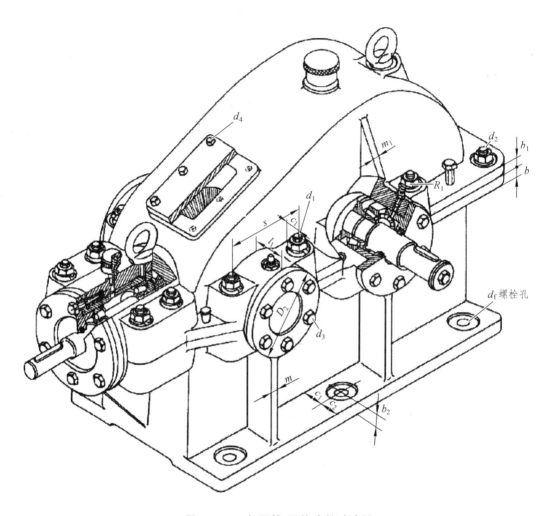

图 4-11　二级圆锥-圆柱齿轮减速器

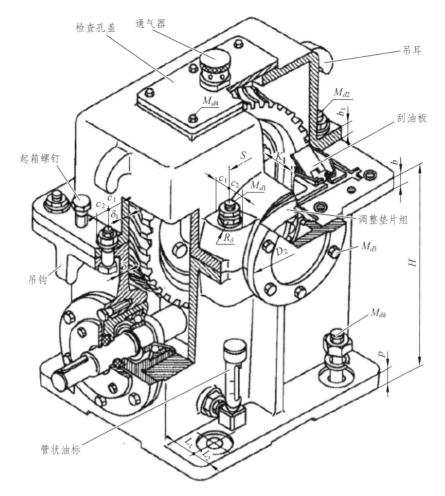

图 4-12 蜗杆减速器

表 4-2 减速器箱体结构的推荐尺寸 单位：mm

名　称	符号	减速器形式及尺寸关系			
		齿轮减速器		锥齿轮减速器	蜗杆减速器
箱座壁厚	δ	一级	$0.025a+1\geq8$	$0.0125(d_{1m}+d_{2m})+1\geq8$	$0.04a+1\geq8$
		二级	$0.025a+3\geq8$	或 $0.01(d_1+d_2)+1\geq8$	
		三级	$0.025a+5\geq8$	d_1、d_2——小、大锥齿轮大端直径；d_{1m}、d_{2m}——小、大锥齿轮平均直径	
		考虑铸造工艺，毛坯壁厚一般不小于8			
箱盖壁厚	δ_1	一级	$0.02a+1\geq8$	$0.01(d_{1m}+d_{2m})+1\geq8$ 或 $0.0085(d_1+d_2)+1\geq8$	蜗杆在上：$\approx\delta$ 蜗杆在下：$=0.85\delta\geq8$
		二级	$0.02a+3\geq8$		
		三级	$0.02a+5\geq8$		
箱座凸缘厚度	b	1.5δ			
箱盖凸缘厚度	b_1	$1.5\delta_1$			
箱座底凸缘厚度	b_2	$2.5\delta_1$			

名称		符号	减速器形式及尺寸关系		
			齿轮减速器	锥齿轮减速器	蜗杆减速器
地脚螺栓直径		d_f	$0.036a+12$	$0.018(d_{1m}+d_{2m})+1 \geqslant 12$ 或 $0.015(d_1+d_2)+1 \geqslant 12$	$0.036a+12$
地脚螺栓数目		n	$a \leqslant 250$ 时，$n=4$ $a>250 \sim 500$ 时，$n=6$ $a>500$ 时，$n=8$	$n=\dfrac{\text{箱座底凸缘周长之半}}{200 \sim 300} \geqslant 4$	4
轴承旁联接螺栓直径		d_1	$0.75d_f$		
箱盖与箱座联接螺栓直径		d_2	$0.5 \sim 0.6d_f$		
联接螺栓 d_2 的间距		l	$150 \sim 200$		
轴承端盖螺钉直径		d_3	$0.4 \sim 0.5d_f$		
窥视孔盖螺钉直径		d_4	$0.3 \sim 0.4d_f$		
定位销直径		d	$0.7 \sim 0.8d_2$		
螺栓扳手空间与凸缘宽度	安装螺栓直径	d_x	M8　M10　M12　M16　M20　M24　M30		
	至外箱壁距离	c_{1min}	13　16　18　22　26　34　40		
	至凸缘边距离	c_{2min}	11　14　16　20　24　28　34		
	沉头座直径	D_{cmin}	20　24　26　32　40　48　60		
轴承旁凸台半径		R_1	c_2		
凸台高度		h	根据 d_1 位置及轴承座外径确定，以便于扳手操作为准		
外箱壁至轴承座端面距离		l_1	$c_1+c_2+(5 \sim 8)$		
大齿轮顶圆与内壁距离		$\varDelta_1$	$>1.2\delta$		
齿轮（锥齿轮或蜗轮轮毂）端面与内壁的距离		$\varDelta_2$	$>\delta$		
箱盖、箱座肋厚		m_1, m	$m_1 \approx 0.85\delta_2$，$m \approx 0.85\delta$		
轴承端盖外径		D_2	$D+5 \sim 5.5d_3$；嵌入式端盖，$D_2=1.25D+10$（D 为轴承外径）		
轴承端盖凸缘厚度		t	$1 \sim 1.2d_3$		
轴承旁联接螺栓距离		s	尽量靠近，以 M_{d1} 和 M_{d3} 互不干涉为准，一般 $S \approx D_2$		

注：表中 a 为中心距。多级传动时，a 取大值。对于圆锥-圆柱齿轮减速器，按圆柱齿轮传动中心距取值。

在进行减速器结构设计时，要考虑整体与局部结构的工作特点与材料的选择；零部件结构的形状与强度；零部件和系统刚度与其结构位置的关系及固定方式；系统运转精度和灵活性与各零件的加工装配精度和使用寿命；零部件生产周期与加工装配维护工艺性要求；设计结果的合理性与技术表达，包括正确的工程图样表达等。设计、计算和绘制图样一般应交叉进行，并应注意"边计算、边设计、边完善"。

三、NMRV 及 NRV 系列蜗杆减速器简介

NMRV 系列蜗杆减速器是一种以铝合金为基体的微型蜗杆减速器，是新一代实用型产品，

按最新国家标准设计，采用新工艺、新材料生产，该产品符合 Q/JF 01—1999 标准，主要零部件包括油封、油栓、蜗轮轴、滚球轴承、出力轴、蜗轮、蜗杆、马达联接盘（法兰）、出力轴盖子、六角承窝头螺丝、双圆键、垫片等。NRV 为带输入轴式减速器，NMRV 为带输入法兰式减速机（配合电机使用）。

1. 特　点

（1）方箱外形、优质铝合金压铸箱体，美观大方；

（2）散热性能优良，承载能力大；

（3）多面安装、空心输出轴结构，另配有各种输入、输出方式，并能方便与其他机械组合，适应性强；

（4）传动平稳，运行噪声小，安全可靠，效率高；

（5）机型小巧，结构紧凑，体积小，质量小，节省安装空间。

2. 外形结构

NMRV 系列减速器外形结构如图 4-13 所示。

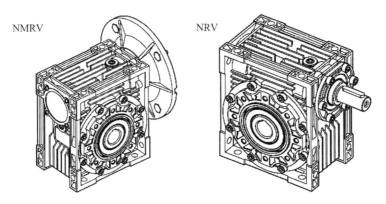

图 4-13　NMRV 系列减速器外形结构

3. NMRV 系列减速器型号标记

NMRV 系列减速器型号标记如表 4-3 所示。

表 4-3　NMRV 系列减速器型号标记

NMRV-063-30-VS-F1（FA）-AS-80B5-0.75kW-B3			
NMRV	蜗轮减速器 Worm geared motor	PAM	马达联接盘 Fitted for motor coupling
NRV	蜗轮减速器（配接输入轴） Worm reduction unit	0.75kW	电机功率 Electric motor power
063	蜗轮减速器中心距 Center distance	F1（FA）	输出法兰位置及型号 Output flange
30	减速比 Reduction ratio	AB	双向输出轴 Double output shaft
VS	双向输入轴 Double input shaft	80B5	电机型号和安装结构形式 Motor mounting facility
AS	单向输出轴 Single output shaft	B3	安装方式 Mounting position

4. NRV 减速器部分效率参数

在本案例中所选择的两款 NRV 型减速器效率参数如表 4-4 所示。

表 4-4　部分 NRV 减速器效率参数表

NRV	i	5	7.5	10	15	20	25	30	40	50	60	80	100
030	Z_1	4	4	3	2	2	1	1	1	1	1	1	
	γ	21°48′	18°50′	14°21′	9°40′	7°44′	5°34′	4°52′	3°53′	3°11′	2°46′	2°07′	
	m_x	2	1.44	1.44	1.44	1.1	1.7	1.44	1.1	0.88	0.75	0.56	
	η_d	0.86	0.84	0.81	0.76	0.72	0.67	0.64	0.58	0.54	0.50	0.44	
	η_s	0.71	0.66	0.62	0.54	0.50	0.43	0.39	0.35	0.31	0.27	0.23	
050	Z_1	4	4	4	2	2	2	1	1	1	1	1	1
	γ	23°49′	21°48′	17°42′	11°18′	9°04′	7°36′	5°42′	4°33′	3°49′	3°17′	2°33′	2°04′
	m_x	3.4	2.5	1.9	2.5	1.9	1.54	2.5	1.9	1.54	1.3	0.98	0.78
	η_d	0.87	0.86	0.84	0.8	0.77	0.74	0.7	0.65	0.61	0.57	0.51	0.49
	η_s	0.73	0.69	0.65	0.58	0.54	0.5	0.44	0.39	0.35	0.32	0.27	0.23

注：表中螺旋角为右旋；η_d 为 1 400 r/min 时的动态效率；η_s 为静态效率；Z_1 为蜗杆头数；γ 为螺旋角；m_x 为模数。

5. NRV 减速器部分型号性能参数

在本案例中所选择的两款 NRV 型减速器效率参数如表 4-5 所示。

表 4-5　部分 NRV 减速器性能参数表（n_1=1 400 r/min）

$M_2/\mathrm{N \cdot m}$	i	P_1/kW	$n_2/(\mathrm{r/min})$	减速器型号	F_{r2}/N	F_{r1}/N
18	5	0.6	280		597	150
18	7.5	0.4	186.7		683	150
18	10	0.3	140		752	169
18	15	0.2	93.3		861	169
18	20	0.2	70		948	190
21	25	0.2	56	NRV030	1 021	210
20	30	0.2	46.7		1 085	210
18	40	0.1	35		1 194	210
17	50	0.1	28		1 286	210
16	60	0.1	23.3		1 367	210
13	80	0.1	17.5		1 504	210

$M_2/\text{N}\cdot\text{m}$	i	P_1/kW	$n_2/(\text{r/min})$	减速器型号	F_{r2}/N	F_{r1}/N
62	5	2	280		1 577	350
71	7.5	1.6	186.7		1 805	401
72	10	1.2	140		1 987	490
74	15	0.9	93.3		2 274	490
73	20	0.7	70		2 503	490
70	25	0.5	56	NRV050	2 696	490
84	30	0.6	46.7		2 865	490
76	40	0.4	35		3 153	490
73	50	0.3	28		3 397	490
68	60	0.3	23.3		3 610	490
65	80	0.2	17.5		3 973	490
55	100	0.2	14		4 280	490

注：F_{r1} 为输入轴容许径向载荷；F_{r2} 为输出轴容许径向载荷；n_2 为输出轴转速；M_2 为输出轴最大转矩；P_1 为输入轴功率。

6. 不同转速下的输入轴容许径向载荷

不同转速下的输入轴容许径向载荷如表 4-6 所示。

表 4-6 不同转速下的输入轴容许径向载荷　　　　　　　　　　单位：N

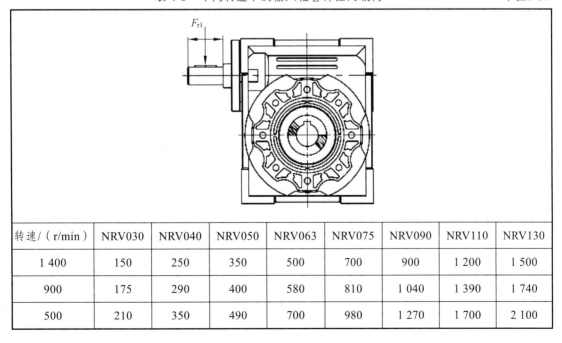

转速/(r/min)	NRV030	NRV040	NRV050	NRV063	NRV075	NRV090	NRV110	NRV130
1 400	150	250	350	500	700	900	1 200	1 500
900	175	290	400	580	810	1 040	1 390	1 740
500	210	350	490	700	980	1 270	1 700	2 100

7. 不同转速下的输出轴容许径向载荷

不同转速下的输出轴容许径向载荷如表4-7所示。

表4-7　不同转速下的输出轴容许径向载荷　　　　　　　　　单位：N

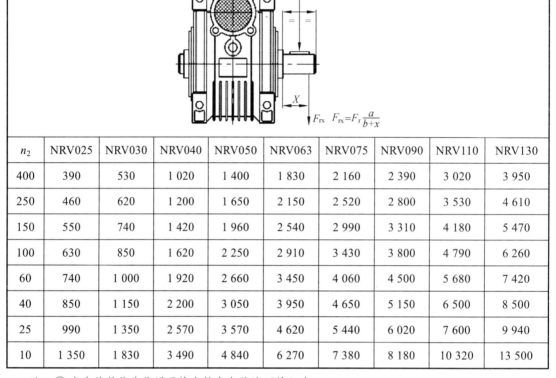

n_2	NRV025	NRV030	NRV040	NRV050	NRV063	NRV075	NRV090	NRV110	NRV130
400	390	530	1 020	1 400	1 830	2 160	2 390	3 020	3 950
250	460	620	1 200	1 650	2 150	2 520	2 800	3 530	4 610
150	550	740	1 420	1 960	2 540	2 990	3 310	4 180	5 470
100	630	850	1 620	2 250	2 910	3 430	3 800	4 790	6 260
60	740	1 000	1 920	2 660	3 450	4 060	4 500	5 680	7 420
40	850	1 150	2 200	3 050	3 950	4 650	5 150	6 500	8 500
25	990	1 350	2 570	3 570	4 620	5 440	6 020	7 600	9 940
10	1 350	1 830	3 490	4 840	6 270	7 380	8 180	10 320	13 500

注：① 表中的数值为作用于输出轴中点的许可输入力；
　　② 当减速器为双输出轴时，折算到轴端的径向合力不能超过表中规定的数值；
　　③ 当径向力和轴向力同时施加时，最大许可的轴向推力为径向力的1/5。

8. NRV系列减速器外形尺寸

NRV系列减速器外形尺寸如表4-8所示。

表4-8　NRV系列减速器外形尺寸　　　　　　　　　单位：N

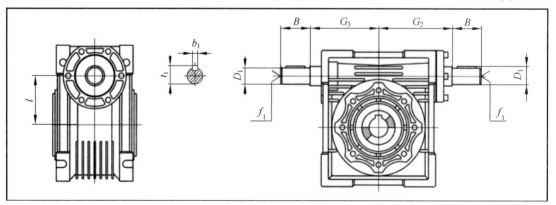

NRV	025	030	040	050	063	075	080	110	130
B	20	20	23	30	40	50	50	60	80
D_1	9j6	9j6	11j6	14j6	19j6	24j6	24j6	28j6	30j6
G_2	38	51	60	74	90	105	125	142	162
G_3	37	45	53	64	75	90	108	135	155
l	25	30	40	50	63	75	90	110	130
b_1	3	3	4	5	6	8	8	8	8
f_1	—	—	—	M6	M6	M8	M8	M10	M10
t_1	10.2	10.2	12.5	16	21.5	27	27	31	33

综合上述两大类型减速器各自的特点，考虑到尽量减小清洗装置的体积，因此这里我们选择了 NRV 系列蜗杆减速器，具体型号规格见表 3-4、表 3-5、表 3-6 和表 3-7。

第三节　主要传动部件的强度及刚度校核计算

一、蜗杆蜗轮强度校核计算

与齿轮传动类似，蜗杆传动的主要失效形式为点蚀、胶合、磨损及轮齿折断。但由于蜗杆与蜗轮间的相对滑动速度较大，从而导致其传动效率较低，发热严重，因此，其主要失效形式为胶合、磨损和点蚀。其中，闭式传动容易产生齿面胶合，开式传动容易产生齿面磨损。由于蜗轮强度较弱，因此一般主要是蜗轮轮齿失效，相应地，校核计算也主要是针对蜗轮进行。

（一）前后摆动减速器强度校核

1. 蜗轮齿面接触疲劳强度校核

由相关资料查得，蜗轮齿面接触疲劳强度的验算公式为

$$\sigma_H = Z_E Z_\rho \sqrt{KT_2 / a^3} \leqslant [\sigma_H] \tag{4-3}$$

式中　Z_E——材料的弹性影响系数，$\sqrt{MPa}$，一般地当钢制蜗杆与铸锡青铜蜗轮配对时，取 $Z_E = 150\sqrt{MPa}$，与铸铝青铜和灰铸铁蜗轮配对时，取 $Z_E = 160\sqrt{MPa}$；

Z_ρ——考虑齿面曲率和接触线长度影响的系数，简称接触系数，可由参考文献[2]中的表 9-7 查出；

K——载荷系数，可由参考文献[2]中表 9-5 查取；

σ_H、$[\sigma_H]$——蜗轮齿面的接触应力与许用接触应力，MPa；

T_2——蜗轮转矩，N·mm；

a——中心距，mm。

在实际应用中，对于步进电机，我们一般不说功率，因为步进电机的功率是变化的数值，是无法准确衡量的，通常在选型时，常用的技术参数是步进电机的电流、力矩、步距角、转

速等，选型标准最关键的参数还是力矩。但这里因为强度计算需要，将力矩转换成功率，由参考文献[3]的相关计算公式可得：

$$P = \frac{2\pi nM}{60 \times 1\,000} \tag{4-4}$$

式中　n ——电机转速，r/min；

　　M ——步进电机保持力矩，N·m，对于前后摆动步进电机，其值为 0.9 N·m。

按照清洗工艺要求可知，蜗轮转速为 1.14 r/min，由此可得电机转速为 $1.14 \times 30 = 34.2$（r/min），因此可得步进电机输出功率为

$$P_1 = \frac{2\pi nM}{60 \times 1\,000} = \frac{2 \times 3.14 \times 1.14 \times 30 \times 0.9}{60 \times 1\,000} \approx 3.22 \times 10^{-3}\,(\text{kW})$$

对于前后摆动蜗杆传动而言，由表 3-4 可知，其中心距 $a = 30\,\text{mm}$；传动比 $i = 30$；由表 4-4 可知，蜗杆头数 $Z_1 = 1$，动态效率 $\eta_d = 0.64$。由此可得：

$$T_2 = T_1 i\eta = 9.55 \times 10^6 \times \frac{P_1}{n} i\eta = 9.55 \times 10^6 \times \frac{3.22 \times 10^{-3}}{1.14 \times 30} \times 30 \times 0.64 \approx 1.7 \times 10^4\,(\text{N}\cdot\text{mm})$$

又因为蜗杆模数 $m_1 = 1.44$ 为非普通的标准模数，这里只能近似参照普通的标准模数蜗杆取其分度圆直径 $d_1 = 22.4\,\text{mm}$。由此可得：$d_1/a = 22.4/30 \approx 0.747$，由参考文献[2]表 9-7 查得 $Z_\rho \approx 2.5$（蜗杆按阿基米德 ZA 蜗杆考虑）。

另外，由表 3-4 可知，蜗杆材料为 20Cr，蜗轮材料为锡青铜，所以 $Z_E = 150\sqrt{\text{MPa}}$。

蜗轮分度圆直径 $d_2 = mz_2 = 1.44 \times 30 = 43.2$（mm）。

蜗轮圆周速度为

$$v_2 = \frac{\pi d_2 n_2}{60 \times 1\,000} = \frac{3.14 \times 43.2 \times 1.14}{60 \times 1\,000} \approx 0.002\,6\,(\text{m/s})$$

由清洗机工作情况可知，其载荷性质属于均匀、无冲击的情况，由参考文献[2]表 9-5 查得载荷系数 $K = 1.05$。

由于蜗轮材料为锡青铜（$\sigma_b < 300\,\text{MPa}$），所以蜗轮主要为接触疲劳失效，此时 $[\sigma_H]$ 的值与应力循环次数 N 有关。按清洗机的设计使用寿命为 3 年，每年按 260 个工作日计算，单班制工作，每班工作时间为 2 h，可得应力循环次数为

$$N = 60 j n_2 L_h = 60 \times 1 \times 1.14 \times 3 \times 260 \times 2 \approx 1.06 \times 10^5$$

这里，根据蜗轮的材料铸造锡青铜（金属型铸造），蜗杆硬度大于 45 HRC，以及上面算出的应力循环次数 N，由参考文献[2]中表 9-7 查得：

$$[\sigma_H] = 423\,\text{MPa}$$

由公式 4-3 可得：

$$\sigma_H = Z_E Z_\rho \sqrt{KT_2 / a^3} = 150 \times 2.5 \times \sqrt{1.05 \times 1.7 \times 10^4 / 30^3} = 304.65\,(\text{MPa}) < [\sigma_H]$$

因此，蜗轮接触强度足够。

2. 蜗轮齿根弯曲疲劳强度校核

由参考文献[2]可得蜗轮齿根弯曲疲劳强度校核公式为

$$\sigma_{\mathrm{F}} = \frac{1.53KT_2}{d_1 d_2 m \cos\gamma} Y_{Fa2} Y_{\beta} \leq [\sigma_{\mathrm{F}}] \tag{4-5}$$

式中 σ_{F}——蜗轮齿根弯曲应力，MPa；

Y_{Fa2}——蜗轮齿形系数，可根据蜗轮的当量齿数 $z_{v2} = z_2 / \cos^3\gamma$ 及蜗轮的变位系数 x_2 从参考文献[2]表 9-8 中查取；

Y_{β}——螺旋角影响系数，$Y_{\beta} = 1 - \gamma / 120°$；

$[\sigma_{\mathrm{F}}]$——蜗轮的许用弯曲应力，MPa，可从参考文献[2]表 9-8 中选取。

蜗轮的当量齿数为

$$z_{v2} = z_2 / \cos^3\gamma = \frac{30}{(\cos 4.9)^3} = 30.33$$

由于此处的蜗轮模数为非普通的标准模数系列，所以难以获取相关参数计算其变位系数，因此后续计算中按变位系数为 0 进行考虑，由此查阅参考文献[2]表 9-8 可得：

$$Y_{Fa2} \approx 2.55$$

螺旋角影响系数为

$$Y_{\beta} = 1 - \gamma / 120° = 1 - \frac{4.9}{120} \approx 0.959$$

则蜗轮齿根弯曲应力为

$$\sigma_{\mathrm{F}} = \frac{1.53KT_2}{d_1 d_2 m \cos\gamma} Y_{Fa2} Y_{\beta} = \frac{1.53 \times 1.05 \times 1.7 \times 10^4}{22.4 \times 1.44 \times 30 \times 1.44 \times \cos 4.9} \times 2.55 \times 0.959 \approx 48.1 (\mathrm{MPa})$$

前后摆动电机为正反向转动，因此蜗轮轮齿为双侧受载。蜗轮材料为铸造锡青铜（金属型铸造），根据前面算出的应力循环次数，由参考文献[2]表 9-8 查得 $[\sigma_{\mathrm{F}}] = 51.7\,\mathrm{MPa}$，由此可见，蜗轮齿根弯曲强度足够。

（二）左右摆动减速器强度校核

1. 蜗轮齿面接触疲劳强度校核

左右摆动步进电机蜗杆减速器中蜗轮、蜗杆的材料与前后摆动步进电机减速器相同，只是其保持扭矩为 2.4 N·m，中心距为 50 mm，传动比 $i = 40$，蜗杆蜗轮模数 $m = 1.9\,\mathrm{mm}$，螺旋升角 $\gamma = 4°33'$，动态效率 $\eta = 0.65$。由此可得其校核过程如下。

电机输出功率为

$$P_1 = \frac{2\pi n M}{60 \times 1000} = \frac{2 \times 3.14 \times 1.14 \times 40 \times 2.4}{60 \times 1000} \approx 11.45 \times 10^{-3} (\mathrm{kW})$$

$$T_2 = 9.55 \times 10^6 \times \frac{P_1}{n} i\eta = 9.55 \times 10^6 \times \frac{11.45 \times 10^{-3}}{1.14 \times 40} \times 40 \times 0.65 \approx 6.2 \times 10^4 (\mathrm{N \cdot mm})$$

又因蜗杆模数 $m_1 = 1.9$ 为非普通的标准模数，这里只能近似参照普通的标准模数蜗杆取其分度圆直径 $d_1 = 28\text{ mm}$。由此可得：$d_1/a = 28/40 = 0.7$，由参考文献[2]表 9-7 查得：$Z_\rho \approx 2.5$（蜗杆按阿基米德 ZA 蜗杆考虑）。

另外，蜗杆材料为 20Cr，蜗轮材料为锡青铜，所以取 $Z_E = 150\sqrt{\text{MPa}}$。

蜗轮分度圆直径 $d_2 = mz_2 = 1.9 \times 40 = 76$（mm）。

蜗轮圆周速度为

$$v_2 = \frac{\pi d_2 n_2}{60 \times 1\,000} = \frac{3.14 \times 76 \times 1.14}{60 \times 1\,000} \approx 0.004\,5\,(\text{m/s})$$

由清洗机工作情况可知，其载荷性质属于均匀、无冲击的情况，由参考文献[2]表 9-5 查得载荷系数 $K = 1.05$。

由于蜗轮材料为锡青铜（$\sigma_b < 300\text{ MPa}$），所以蜗轮主要为接触疲劳失效，此时 $[\sigma_H]$ 的值与应力循环次数 N 有关。按清洗机的设计使用寿命为 3 年，每年按 260 个工作日计算，单班制工作，每班工作时间为 2 h，可得应力循环次数为

$$N = 60jn_2 L_h = 60 \times 1 \times 1.14 \times 3 \times 260 \times 2 \approx 1.06 \times 10^5$$

这里，按蜗轮的材料为铸造锡青铜（金属型铸造），蜗杆齿面硬度大于 45 HRC 考虑，再结合上面算出的应力循环次数 N，由参考文献[2]中表 9-7 查得：

$$[\sigma_H] = 423\text{ MPa}$$

由公式（4-3）可得：

$$\sigma_H = Z_E Z_\rho \sqrt{KT_2/a^3} = 150 \times 2.5 \times \sqrt{1.05 \times 6.2 \times 10^4 / 50^3} = 270.6\,(\text{MPa}) < [\sigma_H]$$

因此，蜗轮接触强度足够。

2. 蜗轮齿根弯曲疲劳强度校核

蜗轮的当量齿数为

$$z_{v2} = z_2/\cos^3\gamma = \frac{40}{(\cos 4.9)^3} \approx 40.38$$

由于此处的蜗轮模数为非普通的标准模数系列，所以难以获取相关参数计算其变位系数，因此后续计算中按变位系数为 0 进行考虑，由此查阅参考文献[2]表 9-8 可得：

$$Y_{Fa2} \approx 2.42$$

螺旋角影响系数为

$$Y_\beta = 1 - \gamma/120° = 1 - \frac{4.55}{120} \approx 0.962$$

则蜗轮齿根弯曲应力为

$$\sigma_F = \frac{1.53KT_2}{d_1 d_2 m \cos\gamma} Y_{Fa2} Y_\beta = \frac{1.53 \times 1.05 \times 6.2 \times 10^4}{28 \times 1.9 \times 40 \times 1.9 \times \cos 4.55} \times 2.42 \times 0.962 \approx 57.53\,(\text{MPa})$$

左右摆动电机为正反向转动，因此蜗轮轮齿为双侧受载。蜗轮材料为铸造锡青铜（金属

型铸造），根据前面算出的应力循环次数，由参考文献[2]表 9-8 查得其许用弯曲应力为

$$[\sigma_F] = 51.7 \text{ MPa}$$

由此可见，蜗轮齿根弯曲强度稍显不足。究其原因，主要是因为蜗轮模数较小，导致其齿根弯曲强度不够。解决办法有两种：其一是增大模数，但这样势必会增大清洗装置的体积，同时导致系统质量增加，显得笨重，不利于工作环境下的安装及运用；其二是将蜗轮齿圈材料改为铸铝铁青铜（ZCuAl10Fe3），并采用金属型铸造，这样虽然可能导致其制造成本有所上升，但不会增大清洗装置的体积，同时可将其许用弯曲应力提高到 82.7 MPa，从而满足系统的弯曲强度要求。

二、蜗杆刚度校核计算

1. 前后摆动减速器蜗杆刚度校核

蜗杆公称转矩：

$$T_1 = 9.55 \times 10^6 \times \frac{P_1}{n} = 9.55 \times 10^6 \times \frac{3.22 \times 10^{-3}}{1.14 \times 30} \approx 0.899 \times 10^3 \text{（N·mm）}$$

蜗轮公称转矩：

$$T_2 = T_1 i\eta = 9.55 \times 10^6 \times \frac{P_1}{n} i\eta = 9.55 \times 10^6 \times \frac{3.22 \times 10^{-3}}{1.14 \times 30} \times 30 \times 0.64 \approx 1.7 \times 10^4 \text{（N·mm）}$$

蜗杆所受的圆周力：

$$F_{t1} = \frac{2T_1}{d_1} = \frac{2 \times 0.899 \times 10^3}{22.4} = 80.27 \text{（N）}$$

蜗轮所受的圆周力：

$$F_{t2} = \frac{2T_2}{d_2} = \frac{2 \times 1.7 \times 10^4}{43.2} = 787.04 \text{（N）}$$

蜗杆所受的径向力：

$$F_{r1} = F_{t2} \tan \alpha_a = 787.04 \times \tan 20° = 286.46 \text{（N）}$$

许用最大挠度：

$$[y] = \frac{d_1}{1\,000} = 0.022\,4 \text{（mm）}$$

蜗杆轴承间跨距：

$$l = 0.9 \times d_2 = 0.9 \times 43.2 = 38.88 \text{（mm）}$$

钢制蜗杆材料的弹性模量：

$$E = 2.06 \times 10^5 \text{（MPa）}$$

蜗杆齿根圆直径：

$$d_{f1} = d_1 - 2(h_a^* + c^*)m = 22.4 - 2 \times (1 + 0.25) \times 1.44 = 18.8 \text{（mm）}$$

蜗杆轴危险截面的惯性矩：

$$I = \frac{\pi d_{\text{f1}}^4}{64} = \frac{3.14 \times 18.8^4}{64} = 6\,128.9\,(\text{mm}^4)$$

蜗杆最大挠度：

$$y = \frac{\sqrt{F_{\text{t1}}^2 + F_{\text{r1}}^2}}{48EI} l^3 = \frac{\sqrt{80.27^2 + 286.46^2} \times 38.88^3}{48 \times 2.06 \times 10^5 \times 6128.9} = 0.000\,29\,(\text{mm}) < [y] = 0.022\,4\,(\text{mm})$$

所以蜗杆刚度满足要求。

2. 左右摆动减速器蜗杆刚度校核

蜗杆公称转矩：

$$T_1 = 9.55 \times 10^6 \times \frac{P_1}{n} = 9.55 \times 10^6 \times \frac{11.45 \times 10^{-3}}{1.14 \times 40} \approx 2.4 \times 10^3\,(\text{N} \cdot \text{mm})$$

蜗轮公称转矩：

$$T_2 = 9.55 \times 10^6 \times \frac{P_1}{n} i\eta = 9.55 \times 10^6 \times \frac{11.45 \times 10^{-3}}{1.14 \times 40} \times 40 \times 0.65 \approx 6.2 \times 10^4\,(\text{N} \cdot \text{mm})$$

蜗杆所受的圆周力：

$$F_{\text{t1}} = \frac{2T_1}{d_1} = \frac{2 \times 2.4 \times 10^3}{28} = 171.43\,(\text{N})$$

蜗轮所受的圆周力：

$$F_{\text{t2}} = \frac{2T_2}{d_2} = \frac{2 \times 6.2 \times 10^4}{76} = 1\,631.58\,(\text{N})$$

蜗杆所受的径向力：

$$F_{\text{r1}} = F_{\text{t2}} \tan \alpha_a = 1\,631.58 \times \tan 20° = 593.85\,(\text{N})$$

许用最大挠度：

$$[y] = \frac{d_1}{1\,000} = 0.028\,(\text{mm})$$

蜗杆轴承间跨距：

$$l = 0.9 \times d_2 = 0.9 \times 76 = 68.4\,(\text{mm})$$

钢制蜗杆材料的弹性模量：

$$E = 2.06 \times 10^5\,(\text{MPa})$$

蜗杆齿根圆直径：

$$d_{\text{f1}} = d_1 - 2(h_a^* + c^*)m = 28 - 2 \times (1 + 0.25) \times 1.9 = 23.25\,(\text{mm})$$

蜗杆轴危险截面的惯性矩：

$$I = \frac{\pi d_{\mathrm{f1}}^4}{64} = \frac{3.14 \times 23.25^4}{64} = 14\,336.4\,(\mathrm{mm}^4)$$

蜗杆最大挠度：

$$y = \frac{\sqrt{F_{\mathrm{t1}}^2 + F_{\mathrm{r1}}^2}}{48EI}l^3 = \frac{\sqrt{171.43^2 + 593.85^2} \times 68.4^3}{48 \times 2.06 \times 10^5 \times 14\,336.4} = 0.001\,4\,(\mathrm{mm}) < [y] = 0.028\,(\mathrm{mm})$$

所以蜗杆刚度满足要求。

三、蜗轮轴的强度校核计算

1. 前后摆动减速器输出轴的强度校核

校核原始参数：输出轴的结构尺寸如图 4-14 所示，材料为 45 钢调质。蜗轮齿数 $z_2 = 30$，模数 $m_2 = 1.44$，导程角 $\gamma = 4.9°$，$F_{\mathrm{t2}} = 787.04\,\mathrm{N}$，$F_{\mathrm{a2}} = F_{\mathrm{t1}} = 80.27\,\mathrm{N}$，$F_{\mathrm{r2}} = F_{\mathrm{r1}} = 286.46\,\mathrm{N}$。蜗轮所受扭矩 $T_2 = 1.7 \times 10^4\,\mathrm{N \cdot mm}$，水射流反冲力 $F_{\mathrm{Q}} = 195.6\,\mathrm{N}$。

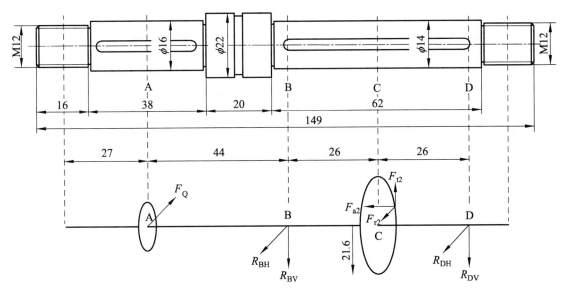

图 4-14　输出轴的结构尺寸

水平面受力如图 4-15 所示。

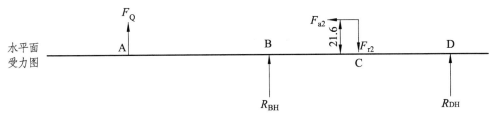

图 4-15　水平面受力图

水平面支反力：

$$F_{\mathrm{Q}} \times l_{\mathrm{AD}} + R_{\mathrm{BH}} \times l_{\mathrm{BD}} = F_{\mathrm{a2}} \times 21.6 + F_{\mathrm{r2}} \times l_{\mathrm{CD}}$$

所以：

$$R_{BH} = \frac{F_{a2} \times 21.6 + F_{r2} \times l_{CD} - F_Q \times l_{AD}}{l_{BD}} = \frac{9\,181.8 - 18\,777.6}{52} = -184.5\,(N)$$

则：

$$R_{DH} = F_{r2} - F_Q - R_{BH} = 286.46 - 195.6 - (-184.5) = 275.36\,(N)$$

水平面内弯矩如图 4-16 所示。

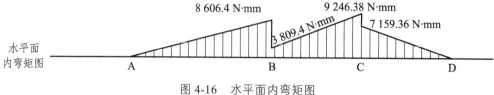

图 4-16　水平面内弯矩图

垂直面受力如图 4-17 所示。

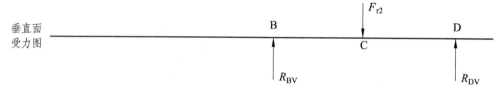

图 4-17　垂直面受力图

垂直面支反力：$R_{BV} = R_{DV} = 143.23\,N$，则垂直面内弯矩如图 4-18 所示。

图 4-18　垂直面内弯矩图

合成弯矩如图 4-19 所示。

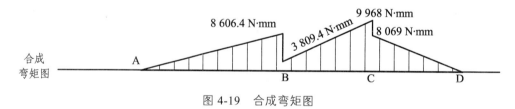

图 4-19　合成弯矩图

扭矩如图 4-20 所示。

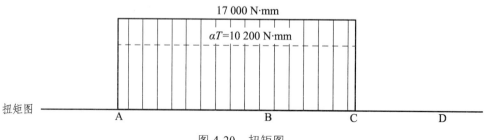

图 4-20　扭矩图

当量弯矩如图 4-21 所示。

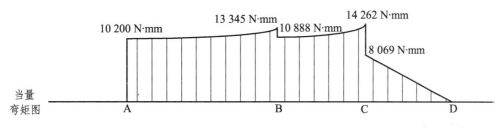

图 4-21　当量弯矩图

查参考资料[4]表 15-1 可得：$[\sigma_{-1b}] = 60\ \text{MPa}$

截面 C 处的弯曲应力为

$$\sigma_{bC} = \frac{M_C}{W_C} = \frac{14\,262}{0.1 \times 14^3} \approx 52\ (\text{MPa}) < [\sigma_{-1b}] = 60\ \text{MPa}$$

因此，轴的弯曲强度足够。

2. 左右摆动减速器输出轴的强度校核

校核原始参数：输出轴的结构尺寸如图 4-22 所示，材料为 45 钢调质。蜗轮齿数 $z_2 = 40$，模数 $m_2 = 1.9\ \text{mm}$，导程角 $\gamma = 4.55°$，$F_{t2} = 1\,631.58\ \text{N}$，$F_{a2} = F_{t1} = 171.43\ \text{N}$，$F_{r2} = F_{r1} = 593.85\ \text{N}$。蜗轮所受扭矩 $T_2 = 6.2 \times 10^4\ \text{N·mm}$，水射流反冲力 $F_Q = 195.6\ \text{N}$，前后摆动减速器总重 $G = 39.2\ \text{N}$。

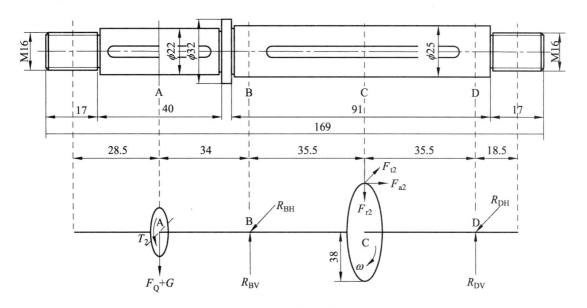

图 4-22　输出轴结构尺寸

水平面受力如图 4-23 所示。

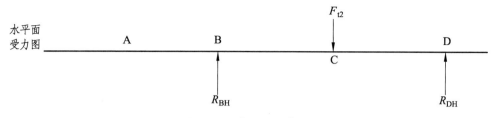

图 4-23　水平面受力图

显而易见，水平面支反力分别为

$$R_{\mathrm{BH}} = R_{\mathrm{DH}} = \frac{F_{\mathrm{t2}}}{2} = 815.79 \text{ N}$$

因此，水平面内弯矩为 $815.79 \times 35.5 = 28\,960.5$（N·mm），水平面内弯矩如图 4-24 所示。

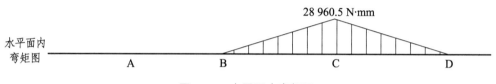

图 4-24　水平面内弯矩图

垂直面受力如图 4-25 所示。

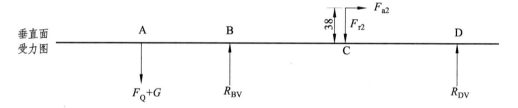

图 4-25　垂直面受力图

垂直面支反力：

$$(F_{\mathrm{Q}} + G) \times l_{\mathrm{AD}} + F_{\mathrm{r2}} \times l_{\mathrm{CD}} = R_{\mathrm{BV}} \times l_{\mathrm{BD}} + F_{\mathrm{a2}} \times 38$$

所以：

$$R_{\mathrm{BV}} = \frac{(F_{\mathrm{Q}} + G) \times l_{\mathrm{AD}} + F_{\mathrm{r2}} \times l_{\mathrm{CD}} - F_{\mathrm{a2}} \times 38}{l_{\mathrm{BD}}} \approx \frac{45\,735 - 6\,514}{71} \approx 552.4\,(\text{N})$$

则：

$$R_{\mathrm{DV}} = F_{\mathrm{r2}} + F_{\mathrm{Q}} + G - R_{\mathrm{BV}} = 593.85 + 195.6 + 39.2 - 552.4 \approx 276.3\,(\text{N})$$

垂直面内弯矩如图 4-26 所示。

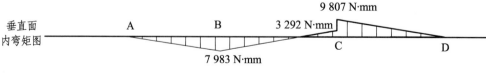

图 4-26　垂直面内弯矩图

则合成弯矩如图 4-27 所示。

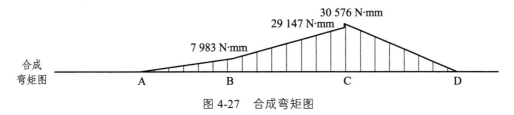

图 4-27　合成弯矩图

扭矩如图 4-28 所示。

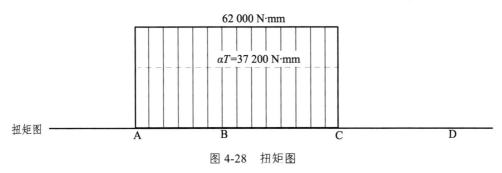

图 4-28　扭矩图

合成弯矩如图 4-29 所示。

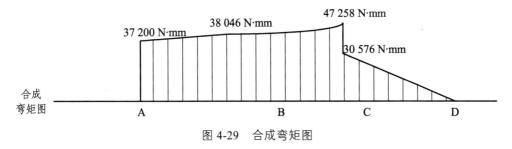

图 4-29　合成弯矩图

查参考资料[4]表 15-1 可得：$[\sigma_{-1b}] = 60$ MPa

截面 C 处的弯曲应力为

$$\sigma_{bC} = \frac{M_C}{W_C} = \frac{47\,258}{0.1 \times 25} \approx 30.2\,(\text{MPa}) < [\sigma_{-1b}] = 60\,(\text{MPa})$$

因此，轴的弯曲强度足够。

第五章　工程图设计

第一节　装配图设计

一、装配图设计要求

装配图是用来表达产品中各零件结构、形状、尺寸及相互间装配关系的图样，是技术人员了解该机械装置总体布局、性能、工作状态、安装要求、制造工艺的媒介。同时，它也是指导制造施工的关键性技术文件，在装配、调试过程中，工程技术人员和施工人员将依据装配图所规定的装配关系、技术要求进行工艺准备和现场施工。

在设计过程中，一般应先进行装配草图设计，再根据装配图绘制零件图。为保证设计过程的顺利进行，需注意装配草图绘图的顺序，一般是先绘制主要零件，再绘制次要零件；先确定零件中心线和轮廓线，再设计其结构细节；先绘制箱内零件，再逐步扩展到箱外零件。

如上所述，装配图是在装配草图的基础上设计完成的，在完善装配图时，要综合考虑装配草图中各零件的材料、强度、刚度、加工、装拆、调整和润滑等要求，因此设计过程中必须进行相应的设计计算，以便修改其中不尽合理之处，以提高整体设计质量。

装配图样设计的主要内容包括正确确定投影关系，完整表达机器中各零部件之间的装配关系；标注出关键尺寸（包括总体长/宽/高尺寸、配合关系尺寸、行程尺寸、安装尺寸、位置关系尺寸等）；对图样中无法表达或不易表达的技术细节以技术要求、技术特性表的方式，用文字表达；对零件进行编号，并列于明细表中；填写标题栏。

二、装配图的绘制

绘制装配图前应根据装配草图确定图形比例和图幅，综合考虑装配图的各项设计内容，合理布置图面，图纸幅面及格式按国家标准的规定选择。

以通用减速器为例，减速器装配图可用两个或三个视图表达，必要时加设局部视图、辅助断面图或剖视图，主要装配关系尽量集中表达在基本视图上。例如，对于蜗杆减速器，一般选择主视图作为基本视图；对于展开式圆柱齿轮减速器，常把俯视图作为基本视图。装配图上一般不用虚线表示零件的结构形状，不可见而又必须表达的内部结构，可采用局部剖视等方法表达。在准确、完整地表达设计对象的结构、尺寸和各零部件之间装配关系的前提下，装配图的视图应尽量简明扼要。

绘制装配图时应注意，同一零件在各视图中的剖面线方向应一致；相邻的不同零件，其剖面线间距或方向应不同；对于较薄的零件断面（一般小于 2 mm），可以涂黑表达；肋板和轴类零件（如轴、垫片、螺栓、销钉等），一般不剖。为了提高绘图效率，装配图上的某些结构可以采用国标中规定的简化画法，如螺栓、螺母、滚动轴承等；对于相同类型、尺寸、规格的螺栓联接可以只画一个，其余用中心线表示。

绘制好装配草图后，即可绘制零件图，设计完成后，再对装配草图进行必要的结构或尺寸修改，最终完成装配图绘制。图 5-1 是通用减速器装配草图常见错误及改正示例。

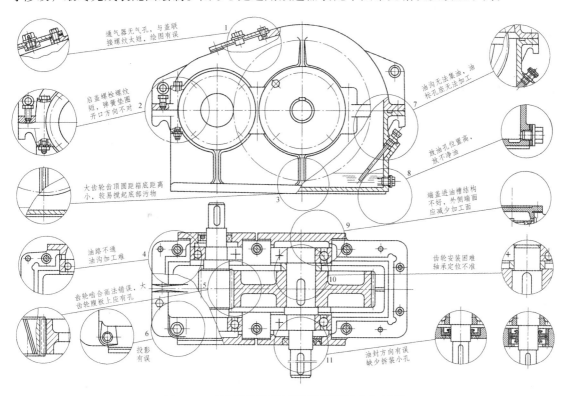

图 5-1　减速器装配草图常见错误及改正示例

三、装配图的尺寸标注

标注尺寸时，尺寸应尽量标注在视图外面，应使尺寸线布置整齐、清晰，主要尺寸尽量集中标注在主要视图上，相关尺寸尽可能集中标注在相关结构表达清晰的视图上。在装配图中应着重标注以下几类尺寸：

（1）装配位置关系尺寸：主要用于表达所设计的机器或装配单元的主要性能和规格，如减速器传动零件的中心距及其偏差。

（2）配合关系尺寸：主要零件的配合处都应标出配合尺寸、配合性质和配合精度。例如，减速器中轴与传动零件、轴与轴承、轴与联轴器的配合尺寸，轴承与轴承座孔的配合尺寸与精度等级等。

配合与精度的选择对减速器的工作性能、加工工艺及制造成本影响很大，应根据国家标准和设计资料认真选择确定。减速器主要零件荐用配合和装拆方法如表 5-1 所示。

表 5-1　减速器主要零件荐用配合和装拆方法

配合零件	推荐用配合	装拆方法
受重载、冲击载荷及大的轴向力时	$\dfrac{H7}{r6}$	压力机（中等压力配合）
大中型减速器的低速级齿轮（蜗轮）与轴的配合；轮缘与轮芯的配合	$\dfrac{H7}{r6},\dfrac{H7}{s6}$	压力机或温差法（中等压力配合，小过盈配合）

配合零件	推荐用配合	装拆方法
要求受冲击及振动时对中良好和很少装拆的齿轮、蜗轮、联轴器与轴的配合	$\dfrac{H7}{n6}$	用压力机装配
小锥齿轮和较常装拆的齿轮、联轴器与轴的配合	$\dfrac{H7}{m6},\dfrac{H7}{k6}$	压力机或木槌装配
滚动轴承内圈与轴的配合	见相关设计手册	压力机（过盈配合）
滚动轴承外圈与箱体孔的配合	见相关设计手册	木槌或徒手装拆
轴套、挡油环、封油环、溅油轮等与轴的配合	$\dfrac{D11}{k6},\dfrac{F9}{k6},\dfrac{F9}{m6},\dfrac{F8}{h7},\dfrac{F8}{h8}$	
轴承套杯与箱体孔的配合，保证相配零件的对中性	$\dfrac{H7}{h6},\dfrac{H7}{js6}$	
轴承盖与箱体孔（或套杯孔）的配合	$\dfrac{H7}{h8},\dfrac{H7}{f9}$	
嵌入式轴承盖的凸缘与箱体孔槽之间的配合	$\dfrac{H11}{h11}$	

（3）安装尺寸：与减速器相连接的有关尺寸，包括其与外部安装零、部件的配合尺寸，如轴与联轴器联接处的轴头长度与配合尺寸等；表达其安装位置的尺寸，如箱体底面尺寸；地脚螺栓间距、直径，地脚螺栓与输入、输出轴之间的几何尺寸；轴外伸端面与减速器某基准面间的跨度；减速器中心高等。

（4）外形尺寸：表达机器总长、总宽和总高的尺寸。该尺寸表现其最大占用空间，可供包装、运输和布置安装场所时参考。

（5）行程尺寸：表达机器中主要活动部件或零件的活动行程的尺寸。该尺寸也可供车间布置时参考。

四、标题栏和明细表

1. 标题栏

技术图样的标题栏应布置在图纸右下角，其格式、线型及内容应按国家标准规定完成，允许根据实际需要增减标题栏中的内容。图 5-2 所示为按课程设计要求简化的标题栏示例。

2. 明细表

（1）零件编号：为了便于读图、装配及生产组织准备（备料、订货及编制预算等），需对装配图上的所有零件进行编号。零件序号与零件种类一一对应，不可遗漏和重复。不同种类的零件，如尺寸、形状、材料任一项目不同，均应单独编号，相同零件共用一个编号。零件引线之间不允许交叉，尽量不与剖面线平行，编号位置应在水平和垂直方向排列整齐，并按顺时针或逆时针顺序编写，也可将标准件与非标准件分别排列。对于装配关系清楚的零件组（如成组使用的螺栓、螺母、垫圈），成组使用的零件可共用同一条引线再分别编号，如图 5-3 所示。

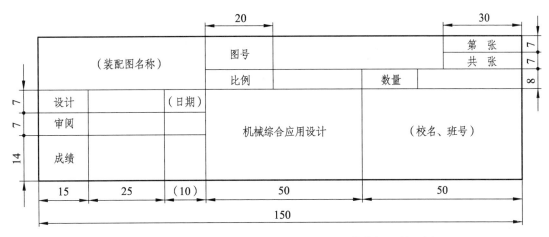

图 5-2　机械综合应用设计（课程设计）用简化标题栏示例

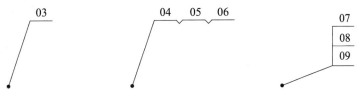

图 5-3　零件引线和编号示例

（2）填写明细表。装配图中的明细表是整机所有零部件的目录清单，填写明细表的过程也是对各零、部、组件的名称、品种、数量、材料进行审查的过程。明细表应布置在标题栏的上方，明细表中每一零件编号占一行，由下而上顺序填写。零件较多时，允许紧靠标题栏左边自下而上续表，必要时也可另页单独编制。其中，标准件必须按照国家标准的规定标记，完整地写出零件名称、材料牌号、主要尺寸及标准代号必要时可在备注栏中加注。明细表应按国家标准设置，也可按规定简化。简化明细表的示例如图 5-4 所示。

...	...	...	...	...	...
5	轴Ⅱ	1	45钢		
4	轴Ⅰ	1	45钢		
3	大齿轮Ⅰ $m=5, z=79$	1	45钢		
2	箱盖	1	HT200		
1	箱座	1	HT200		
序　号	名　　称	数量	材料	标　准	备　注
15	45	(10)	20	40	20

150

图 5-4　课程设计用简化明细表示例

五、装配图中的技术特性和技术要求

一些在视图上无法表示的有关装配、调整、维护等方面的内容，需要在技术要求中加以说明，以保证减速器的工作性能。技术要求的执行是保证机器正常工作的重要条件。技术要求的制定一般要考虑以下几个方面。

（1）装配前要求：机器装配前，必须按图样检验各零件，确认合格后，用煤油或汽油清洗，必要时可对零件的非配合表面进行防蚀处理；箱体内不允许有任何杂物。根据零件的设计要求和工作情况，可对零件的装配工艺做出具体规定。

（2）装配中对安装和调整的要求。

① 滚动轴承的安装和调整。为了保证滚动轴承的正常工作，应保证轴承的轴向或径向有一定的游隙。游隙大小对轴承的正常工作有很大的影响，游隙过大，会使轴系固定不可靠；游隙过小，会妨碍轴系因发热而伸长。当轴承支点跨度较大、温升较高时，应取较大的游隙。对于游隙不可调整的轴承，可取游隙 $\Delta = 0.25 \sim 0.4$ mm，或参考有关手册。

用垫片调整轴承游隙的方法如图 5-5 所示，先用轴承盖将轴承预紧，测量轴承盖凸缘与轴承座之间的间隙值 δ，再用一组厚度为 $\delta+\Delta$ 的调整垫片置于轴承盖凸缘与轴承座端面之间，拧紧螺栓，即可保证设计间隙 Δ。图 5-6 所示是用螺纹零件调整轴向游隙，可将螺栓或螺柱拧紧至基本消除轴向游隙，然后再退转到留有需要的轴向游隙为止，最后锁紧螺母。

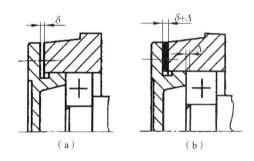

（a）　　　　　　（b）

图 5-5　用垫片调整轴向游隙

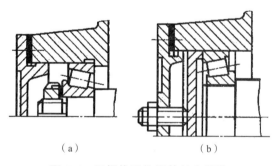

（a）　　　　　　（b）

图 5-6　用螺纹零件调整轴向游隙

② 传动间隙和接触状况检验。为保证机器正常地啮合传动，安装时必须保证齿轮或蜗杆副所需要的侧隙及齿面接触斑点。传动侧隙的检查可用塞尺或将铅丝放入相互啮合的两齿面间，然后测量塞尺或铅丝变形后的厚度。接触斑点是在轮齿工作表面着色，将其转动 2～3 周后，观察着色接触区的位置、接触面大小来检验接触情况。

若齿轮传动侧隙或齿面接触斑点不符合设计要求，应对齿面进行刮研、跑合或调整传动件的啮合位置。锥齿轮减速器可调整锥齿轮传动中的两轮位置，使其锥顶重合。蜗杆减速器可调整蜗轮轴的轴向位置，使蜗杆轴线与蜗轮主平面重合。

③润滑要求。润滑对机器的传动性能影响较大，良好的润滑具有减少摩擦、降低磨损、冷却散热、清洁运动副表面，以及减振、防腐蚀和密封等功用。在技术要求中应规定润滑剂的牌号、用量、更换期和加注方法等。对于高速、重载、启动频繁等工况，由于温升较大，不易形成油膜，则应选用黏度高、极压性和油性好的油品。例如，重型齿轮传动可选用黏度高、油性好的齿轮油；高速、轻载传动可选用黏度较低的润滑油；开式齿轮传动可选耐蚀、抗氧化及减磨性好的开式齿轮油。

当传动件与轴承采用同一种润滑剂时，应优先满足传动件的要求，适当兼顾轴承润滑的要求。对于多级传动，可按低速级和高速级对润滑剂黏度要求的平均值来选择。机器换油时间取决于油中杂质的多少和被氧化与被污染的程度，通常为 180 天左右。

箱体内油量主要是根据传动、散热要求和油池基本高度等因素计算确定的。轴承部位如用润滑脂，其填入量一般小于轴承腔空间的 2/3；当轴承转速 $n > 1500$ r/min 时，一般用脂量不超过轴承空腔体积的 1/3 ~ 1/2。

机器的润滑剂应在跑合后立即更换，使用期间应定期检查；轴承用脂润滑时应定期加脂，用润滑油润滑时应按期检查，发现润滑油不足时，应及时添加。

④密封要求。为了防止润滑剂流失和外部杂质侵入箱体，减速器各接触面、剖分面和密封处均不允许漏油、渗油。剖分面上允许涂密封胶或水玻璃，但决不允许使用垫片。

（3）试验要求。机器在装配完毕后，应根据产品设计要求和规范进行空载和整机性能试验。试验时，应规定最大温升或温升曲线、运动平稳性以及其他检查项目。空载试验时，要求在额定转速下正、反各运转 1 h，要求运转期间无异常噪声，或噪声低于××dB；各密封处不得有油液渗出；油池温升不得超过 35 ℃；各部件试验前后无明显变化；各连接处无松动；以及负载运转的负荷和时间等。

（4）外观、包装、运输和储藏要求。机器出厂前，应按照用户要求或相关标准进行外部处理。例如，箱体外表面涂防护漆等；轴的外伸端及各附件应涂油包装；运输外包装应注明放置要求，如勿倒置、防水、防潮等，装卸时不可倒置；需做现场长期或短期储藏时，应对放置环境提出要求等。

第二节　零件图设计

一、零件图的设计要求

零件图是制造、检验和制定零件工艺规程的依据，它由装配图拆绘设计而成。零件图既要反映其功能要求，明确表达零件的详细结构，又要考虑加工、装配的可行性和合理性。因此，必须保证图形、尺寸、技术要求和标题栏等部分的基本内容完整、无误、合理。

完整的工程图样包括装配图及其明细栏所列自制零件的工作图。在课程设计中，绘制零件图主要是为了培养学生掌握零件图的设计内容、要求和绘制方法，提高工艺设计能力和技能。根据教学要求，由教师指定绘制 1 ~ 3 个典型零件的零件图。

二、零件图的设计要点

（1）视图。轴类为回转体类零件，一般按轴线水平位置布置主视图，在有键槽和孔的地方增加必要的剖视图或断面图。对于不易表达清楚的局部，如中心孔、退刀槽等部位，必要时应加局部放大图。齿轮类零件常采用两个基本视图表示。主视图轴线水平放置，左视图反映轮辐、辐板及键槽结构。箱体类零件结构比较复杂，一般需要三个视图表示。

（2）尺寸标注。零件图上的尺寸是加工与检验的依据。在图上标注尺寸，必须做到正确、完整、清楚。配合处的直径尺寸都应标出尺寸极限偏差。按标准加工的尺寸（如中心孔等），可按国家标准规定的格式标注。

零件图上的几何公差，是评定零件加工质量的重要指标，应按设计要求由标准查取，并标注。对于轴类零件来说，功能尺寸及尺寸精度要求较高的轴段尺寸应直接标出。

零件的所有加工表面和非加工表面都要注明表面粗糙度。当较多表面具有同一表面粗糙度时，可在图幅右下方集中标注。

（3）技术要求。零件在制造过程中或检验时所必须保证的设计要求和条件，不便用图形或符号表示时，应在零件图技术要求中列出，其内容根据不同零件的加工方法和要求确定。一些在零件图中多次出现，且具有相同几何特征的局部结构尺寸（如倒角、圆角半径等），也可在技术要求中一并列出。

（4）标题栏。标题栏按国家标准格式设置在图纸的右下角，其主要内容有零件的名称、图号、数量、材料、比例等。图 5-7 所示为按课程设计要求简化的零件图标题栏。

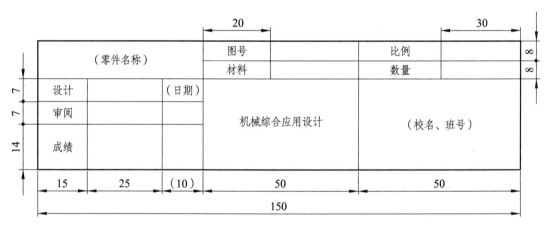

图 5-7　按课程设计要求简化的零件图标题栏

三、轴类零件图

1. 视图选择

一般轴类零件只需绘制主视图即可基本表达清楚，轴线应水平摆放，视图上表达不清的键槽和孔等，可用断面图或剖视图辅助表达。对于轴的细部结构，如螺纹退刀槽、砂轮越程槽、中心孔等，必要时可画出局部放大图。

2. 尺寸标注

对于轴类零件来说，功能尺寸及尺寸精度要求较高的轴段尺寸应直接标出，还应标注其他细部结构尺寸（如退刀槽、砂轮越程槽、倒角、圆角）等。

标注直接尺寸时，凡有配合要求处，应标注尺寸及极限偏差。

标注长度尺寸时，应根据设计及工艺要求确定尺寸基准，合理标注，不允许出现封闭尺寸链；长度尺寸精度要求较高的轴段应直接标注，取加工误差不影响装配要求的轴段作为封闭环，其长度尺寸不标注。

图 5-8 所示为一轴零件图的尺寸标注示例，其加工工艺过程见表 5-2。其中，基准面①是齿轮与轴的定位面，为主要基准，轴段长度 59、108、10 都以基准面①作为基准标注。$\phi45$ 轴段的长度 59 与保证齿轮轴向定位的可靠性有关，$\phi50$ 轴段的长度 10 与控制轴承安装位置有关；基准面②作为辅助基准面，$\phi30$ 轴段的长度 69 为联轴器安装要求所确定；$\phi35$ 轴段的长度的加工误差不影响装配精度，因而取为封闭环，加工误差可积累在该轴段上，以保证主要尺寸的加工精度。

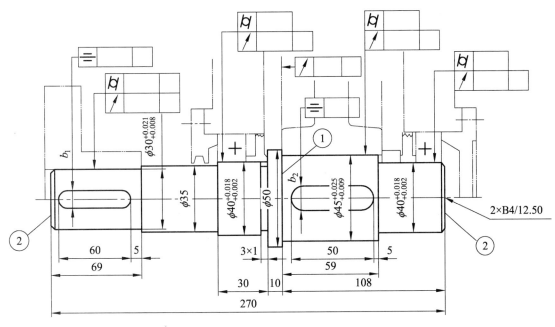

图 5-8　轴零件图的尺寸标注示例

表 5-2　轴零件的主要工序示例（以左右摆动减速器输出轴为例）　　　　单位：mm

序号	工序名称	工序草图	加工尺寸	
			轴向	径向
1	下料，车外圆，车端面，钻中心孔	2×B4/12.5　$\phi32$　2×B4/12.5　169	169	$\phi32$

序号	工序名称	工序草图	加工尺寸	
			轴向	径向
2	中心孔定位卡住一头，车 $\phi22$		57	$\phi22$
3	车 $\phi16$		40	$\phi16$
4	倒角，攻螺纹 M16		17	M16
5	中心孔定位，调头车 $\phi25$		4	$\phi25$
6	中心孔定位，车 $\phi16$		91	$\phi16$
7	倒角，攻螺纹 M16		17	M16
8	铣小端键槽		$L_{b1}=70$	$h_1=5$
9	调头铣大端键槽		$L_{b2}=32$	$h_2=5$
10	修整，去毛刺	按图样及技术要求	—	—

轴的所有表面都需要加工，其表面粗糙度可按表 5-3 选取，应尽量选取经济表面粗糙度值。轴与标准件配合时，其表面粗糙度应按标准或选配零件安装要求确定。当安装密封件处的轴颈表面相对滑动速度大于 5 m/s 时，表面粗糙度 Ra 值可取 0.2 ~ 0.8 μm。

表 5-3　轴的表面粗糙度 *Ra* 荐用值　　单位：μm

<table>
<tr><th>加工表面</th><th colspan="2">表面粗糙度 Ra 值</th></tr>
<tr><td>与传动件及联轴器等轮毂相配合的表面</td><td colspan="2">3.2 ~ 0.8</td></tr>
<tr><td>与传动件及联轴器相配合的轴肩端面</td><td colspan="2">6.3 ~ 3.2</td></tr>
<tr><td>与滚轴轴承配合的轴颈表面和轴肩表面</td><td colspan="2">见相关手册推荐值</td></tr>
<tr><td>平键键槽</td><td colspan="2">6.3（非工作表面），3.2 ~ 1.6（工作表面）</td></tr>
<tr><td rowspan="2">安装密封件处的轴颈表面</td><td>接触式</td><td>非接触式</td></tr>
<tr><td>1.6 ~ 0.4</td><td>3.2 ~ 1.6</td></tr>
</table>

轴零件图上的几何公差标注参见表 5-4，表中列出了轴的几何公差推荐项目、精度等级及其与工作性能的关系。具体几何公差值见相关设计手册。

表 5-4　轴的几何公差等级荐用值

<table>
<tr><th>内容</th><th>项目</th><th>符号</th><th>精度等级</th><th>与工作性能的关系</th></tr>
<tr><td rowspan="3">形状公差</td><td>与传动零件相配合直径的圆度</td><td>○</td><td>见手册</td><td>影响传动零件与轴配合的松紧及对中性</td></tr>
<tr><td>与传动零件相配合直径的圆柱度</td><td rowspan="2">⌭</td><td>7 ~ 8</td><td rowspan="2">影响轴承与轴配合的松紧及对中性</td></tr>
<tr><td>与轴承相配合直径的圆柱度</td><td>6 ~ 7</td></tr>
<tr><td rowspan="4">跳动公差</td><td>轴承配合表面对轴线的径向圆跳动</td><td rowspan="4">↗</td><td>6 ~ 8</td><td rowspan="2">影响齿轮和轴承的定位及其受载均匀性</td></tr>
<tr><td>轴承定位端面对轴线的径向圆跳动</td><td>6 ~ 8</td></tr>
<tr><td>传动件定位端面对轴线的轴向圆跳动</td><td>6 ~ 8</td><td>影响传动件运动中的偏心量和稳定性</td></tr>
<tr><td>与轴承相配合的直径相对轴线的径向圆跳动</td><td>6 ~ 8</td><td>影响轴承运动中的偏心量和稳定性</td></tr>
<tr><td>位置公差</td><td>键槽对轴线的对称度</td><td>⌯</td><td>7 ~ 9</td><td>影响键与键槽受载的均匀性及装拆难易程度</td></tr>
</table>

3. 技术要求

轴类零件的技术要求主要包括：

（1）材料的力学性能和化学成分的要求。

（2）热处理方法和要求，如热处理后的硬度范围、渗碳/渗氮要求及淬火深度等。

（3）未注明的圆角、倒角、表面粗糙度值的说明及其他特殊要求。

（4）其他加工要求，如中心孔、与其他零件配合加工的要求，如配作等。

四、齿轮类零件图

1. 视图选择

齿轮、蜗轮等盘类零件的图样一般选取 1 ~ 2 个视图，主视图轴线水平放置，并作剖视表达内部结构，左视图反映轮辐、辐板及键槽等结构。

对于组合式蜗轮结构，需先绘制蜗轮组件图，再画出各零件图。齿轮轴与蜗杆轴的视图与轴类零件图相似。为了表达齿形的有关特征及参数，必要时应绘出局部断面图。

2. 尺寸标注

齿轮类零件与安装轴配合的孔、齿顶圆和轮毂端面是齿轮设计、加工、检验和装配的基准，尺寸精度要求高，应标注尺寸及其极限偏差、几何公差。分度圆直径虽不能直接测量，但作为基本设计尺寸，应予以标注。

蜗轮组件中轮缘与轮毂的配合，锥齿轮中锥距及锥角等保证装配和啮合的重要尺寸，应按相关标准标注。

齿轮类零件的表面粗糙度 Ra 推荐值见表 5-5，齿轮的几何公差推荐项目及其与工作性能的关系见表 5-6。

表 5-5　齿轮类零件的表面粗糙度 Ra 推荐值　　　　　　　　　　单位：μm

加工表面		表面粗糙度 Ra 值			
传动精度等级		6	7	8	9
轮齿工作面	圆柱齿轮	0.8 ~ 0.4	1.6 ~ 0.8	3.2 ~ 1.6	6.3 ~ 3.2
	锥齿轮	—	0.8	1.6	3.2
	蜗杆、蜗轮	—	0.8	1.6	3.2
齿顶面	圆柱齿轮	—	1.6	3.2	6.3
	锥齿轮	—	—	3.2	3.2
	蜗杆、蜗轮	—	1.6	1.6	3.2
轴/孔	圆柱齿轮	—	0.8	1.6	3.2
	锥齿轮	—	—	—	6.3 ~ 3.2
与轴肩配合面		3.2 ~ 1.6			
齿圈与轮芯配合表面		3.2 ~ 1.6			
平键键槽		6.3（非工作面），3.2 ~ 1.6（工作面）			

表 5-6　齿轮的几何公差推荐项目及其与工作性能的关系

内容	项目	符号	精度等级	与工作性能的关系
形状公差	与轴配合的孔的圆柱度	⌀	6 ~ 8	影响传动零件与轴配合的松紧及对中性
跳动公差	圆柱齿轮以齿顶圆为工艺基准时，齿顶圆的径向圆跳动 锥齿轮锥顶的径向圆跳动 蜗轮齿顶圆的径向圆跳动 蜗杆齿顶圆的径向圆跳动 基准端面对轴线的轴向圆跳动	↗	6 ~ 8 按齿轮、蜗杆、蜗轮和锥齿轮的精度等级及尺寸确定	影响齿厚的测量精度，并在切齿时产生相应的齿圈径向圆跳动误差，使零件加工中心位置与设计位置不一致，引起分齿不均，同时会引起齿向误差，影响齿面载荷分布及齿轮副间隙的均匀性
位置公差	轮毂键槽对孔轴线的对称度	⯊	7 ~ 9	影响键与键槽受载的均匀性及装拆时的松紧

3. 啮合特性表

齿轮类零件的轮齿通常采用标准刀具，使用专用设备按照一定的模式加工制造。与之相关的主要参数和误差检验项目，应在齿轮（蜗轮）啮合特性表中列出。啮合特性表一般布置在图幅的右上方，主要项目包括齿轮（蜗轮或蜗杆）的主要参数及误差检验项目等。啮合特性表的格式见相关机械设计手册。

4. 技术要求

（1）对毛坯的要求，如铸件不允许有缺陷，锻件毛坯不允许有氧化皮及毛刺等。

（2）对材料化学成分和力学性能的要求，以及允许使用的代用材料。

（3）零件整体或表面处理的要求，如热处理方法、热处理后的硬度、渗碳/渗氮要求及淬火深度要求等。

（4）未注倒角、圆角半径的说明。

（5）其他特殊要求，如修形及对大型或高速齿轮进行平衡实验等。

五、箱体类零件图

1. 视图选择

箱体类零件的结构比较复杂，一般需用三个视图表达，为表达清楚结构，常需增加一些局部视图、局部剖视图和局部放大图。主视图的选择可与箱体实际放置位置一致。

2. 尺寸标注

1）箱体尺寸标注

（1）应选好基准，尽量遵循基准统一原则，采用加工基准作为标注尺寸的基准，以便于加工和检验。如箱盖或箱座的高度方向尺寸最好以剖分面（加工基准面）为基准；箱体宽度方向尺寸应以宽度对称中心线作为基准，如图5-9所示。箱体长度方向尺寸一般以轴承孔中心线作为基准，如图5-10所示。标注时要避免出现封闭尺寸链。

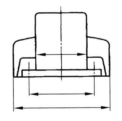

图 5-9 箱体宽度方向尺寸的标注示例

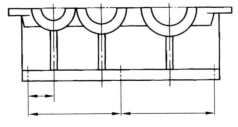

图 5-10 箱体长度方向尺寸的标注示例

（2）标全箱体形状尺寸和定位尺寸。定位尺寸是确定箱体各部位相对于基准的位置尺寸，如孔的中心线、曲线定位位置及其他有关部位或局部结构与基准间的距离。形状尺寸是确定箱体各部分形状结构、特征和大小的尺寸，应直接标出，如箱体长、宽、高和壁厚，各种孔径及其深度，圆角半径，槽的宽度和深度，螺纹尺寸，观察孔、油尺孔、放油孔的局部结构和尺寸等。

（3）功能尺寸应直接标出，如轴承孔中心距、减速器中心高等。

（4）箱体多为铸件，应按形体标注尺寸，便于制作木模。铸造箱体上所有圆角、倒角、起模斜度等均须在图中标注清楚或在技术要求中说明。

2）表面粗糙度

箱体上与其他零件接触的表面应予以加工，并与非加工表面区分开。箱体的表面粗糙度 Ra 推荐值如表5-7所示。

表 5-7　箱体的表面粗糙度 Ra 荐用值　　　　　　单位：μm

表面位置	表面粗糙度 Ra 推荐值
箱体剖分面	3.2～1.6
与滚动轴承（P0级）配合的轴承座孔 D	0.8（$D<80$ mm），3.2（$D>80$ mm）
轴承座外端面	6.3～3.2
螺栓孔沉头座	12.5
与轴承盖及其套杯配合的孔	3.2
机加工油沟及观察孔上表面	12.5
箱体底面	12.5～6.3
圆锥销孔	3.2～1.6
其他表面	>12.5

3）几何公差

为保证加工及装配精度，还应标注几何公差，其推荐值见表5-8。

表 5-8　箱体几何公差的推荐值

内容	项目	符号	精度等级	与工作性能的关系
形状公差	轴承座孔的圆柱度	⌭	6～7	影响箱体与轴承的配合性能及对中性
	剖分面的平面度	⫽	7～8	
方向公差	轴承座孔轴线对端面的垂直度	⊥	7～8	影响轴承固定及轴向受载的均匀性
	轴承座孔轴线间的平行度	∥	6～7	影响传动件的传动平稳性及载荷分布的均匀性
	锥齿轮减速器和蜗杆减速器的轴承孔轴线间的垂直度	⊥	7	
位置公差	两轴承座孔轴线的同轴度	◎	6～8	影响轴系安装及齿面载荷分布均匀性

3. 技术要求

箱体零件图的技术要求主要包括：

（1）铸件的清砂、去毛刺和时效处理等。

（2）箱盖与箱座间轴承孔需先用螺栓联接，并装入定位销后再镗孔；剖分面上的定位孔加工，应将箱盖和箱座固定后配钻、配铰。

（3）铸造斜度及圆角半径等。

（4）箱体内表面涂漆或防侵蚀涂料，以及消除内应力的处理等。

（5）图中未注的铸造拔模斜度及圆角半径。

（6）其他需要文字说明的特殊要求。

第六章 机械综合应用设计任务书

一、高架灯提升机构设计

1. 题目简介及设计要求

升降式高架灯由杆体、灯架、提升装置、悬挂系统、照明灯具等部分组成。其中，提升装置用于城市高架路灯的升降，通常采用电力驱动，通过控制电机正、反转来控制灯具升降。提升装置静止时具备机械自锁功能，并设有力矩限制器和电磁制动器。其卷筒上曳引钢丝绳直径为 $\phi 11$ mm，设备工作要求安全、可靠，调整、安装方便，结构紧凑，造价低。提升装置为间歇工作，载荷平稳，半开式传动，生产批量为 20 台。高架灯提升装置机构如图 6-1 所示。

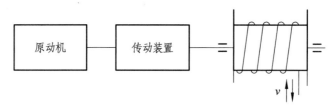

图 6-1 高架灯提升装置机构简图

2. 原始技术参数

原始技术参数如表 6-1 所示。

表 6-1 原始技术参数

数据编号	1	2	3	4	5
提升力/N	4 800	5 200	7 500	8 000	9 500
容绳量/m	45	55	60	70	80
安装尺寸/mm	280×460	290×470	300×480	310×490	320×500
电动机功率/kW	1.1	1.3	2.0	3	2.4

3. 设计任务

（1）绘制提升装置原理方案图。

（2）完成提升装置所有设计计算。

（3）完成传动部分的装配图 1 张（用 A0 或 A1 图纸）。

（4）完成零件图 2 张。

（5）编写设计说明书 1 份。

二、上光机上光辊传动装置设计

1. 题目简介及设计要求

上光机的上光工艺就是在印刷品表面涂布（或喷雾、印刷）上一层无色透明的涂料，经流平、干燥、压光后，在印刷品的表面形成薄而均匀的透明光亮层的技术和方法，用于美化和保护印刷品，延长其使用寿命。上光工艺包括上光涂料的涂布和压光两项。上光机上光辊传动装置由独立的电动机提供动力，经机械传动驱动上光辊，如图 6-2 所示。

（1）设计以电动机安装面为 0 高度，上光辊中心高 520 mm，传动装置最大设计高度为 600 mm。参考传动方案如图 6-2 和图 6-3 所示。

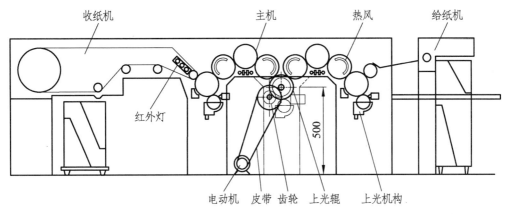

图 6-2　上光机及其传动装置

（2）室内工作，生产批量为小批量。

（3）原动机动力采用交流异步电动机，单向运转，载荷平稳。

（4）使用期限为 15 年，大修周期为 5 年，双班制工作。

（5）也可采用图 6-3 所示的改进型传动方案。

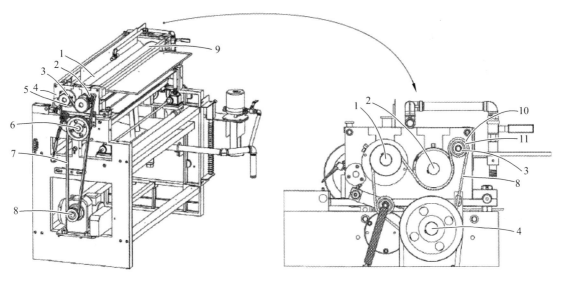

1—压印滚筒；2—辅助齿轮；3—传动带；4—第二传动结构；5—齿轮；6—夹纸滚筒；7—第一传动结构；
8—动力装置；9—印刷轮；10—传动带平滑面；11—传动带凹凸面。

图 6-3　一种改进后的印刷用上光机传动结构

2. 原始技术参数

原始技术参数如表 6-2 所示。

表 6-2　原始技术参数

数据组编号	1	2	3	4	5	6	7
上光辊速度/（r/min）	65	75	95	105	115	130	145
上光辊直径 D/mm	280	280	300	310	310	305	310
上光辊输入转矩 T/（N·m）	32	35	35	40	42	45	50

3. 设计任务

（1）对上光机传动装置提出多个设计方案，并完成传动方案的选型及总体设计。

（2）完成上光机传动装置的结构设计及相关校核计算。

（3）绘制上光机传动装置装配图 1 张（0 号），零件图 2 张（图幅不限）。

（4）编写设计计算说明书。

三、加热炉装料机设计

1. 题目简介及设计要求

加热炉送料机用于向热处理加热炉内送料，由电动机驱动，室内工作，通过传动装置使装料机推杆往复运动，将需要进行热处理的物料送入加热炉内。

（1）生产批量为 50 台。

（2）动力源为三相交流 380 V/220 V，电动机单向运转，工作载荷较为平稳。

（3）使用期限为 10 年，大修周期为 5 年，双班制工作。

（4）生产厂具有加工 7、8 级精度齿轮、蜗轮的能力。

加热炉装料机设计参考图如图 6-4 和图 6-5 所示。

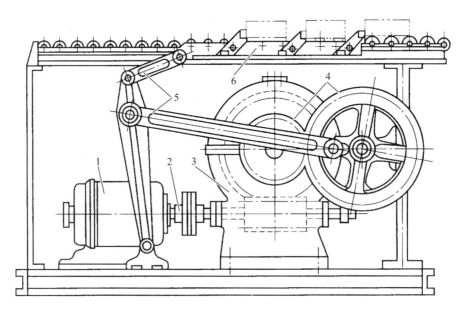

1—电动机；2—联轴器；3—蜗杆副；4—齿轮；5—连杆；6—装料推板。

图 6-4　加热炉装料机设计参考方案 1

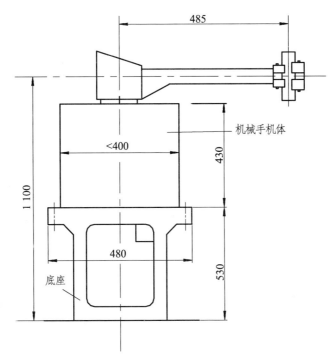

图 6-5　加热炉装料机设计参考方案 2

2. 原始技术参数

（1）设计任务 I 技术数据如表 6-3 所示。

表 6-3　设计任务 I 技术数据

数据编号	1	2	3	4	5	6	7	8	9
推杆行程/mm					220				
所需电动机功率/kW	2.5	2.8	3	3.2	3.4	3.8	4.5	5.2	6
推杆工作周期/s	4.2	3.6	3.2	3.0	2.6	2.4	2.2	2.2	2.0

（2）设计任务 II 技术数据如表 6-4 所示。

表 6-4　设计任务 II 技术数据

数据编号	1	2	3	4	5	6	7	8
推杆行程/mm	310	300	290	280	260	240	220	200
推杆所需推力/N	5 800	6 100	6 300	6 500	6 700	7 000	7 500	7 600
推杆工作周期/s	4.4	3.8	3.4	3.2	2.8	2.6	2.4	2.0

3. 设计任务（任务 I 或 II 任选一项）

（1）对加热炉送料机执行机构至少提出可行的两种运动方案，然后进行方案分析评比，选出一种运动方案绘制其机构运动简图和运动循环图。

（2）对其中的平面连杆机构进行尺度综合，确定各个构件的尺寸并进行运动分析。

（3）完成主要传动装置和执行机构的结构设计及校核计算。

（4）绘制装配图 1 张（0 号或 1 号图），零件图 2 张（图幅不限）。

（5）编写设计计算说明书。

四、平板搓丝机设计

1. 题目简介及设计要求

（1）如图 6-6 所示为平板搓丝机参考结构示意图，该机器用于搓制螺纹。电动机通过 V 带传动、齿轮传动 2 减速后，驱动曲柄转动，通过连杆 4 驱动下搓丝板（滑块）6 往复运动，与固定上搓丝板 8 一起完成搓制螺纹功能。滑块往复运动一次，加工一个工件。送料机构（图中未画）将置于料斗中的待加工棒料推入上、下搓丝板之间。搓丝板共两对，可同时搓出工件两端的螺纹。

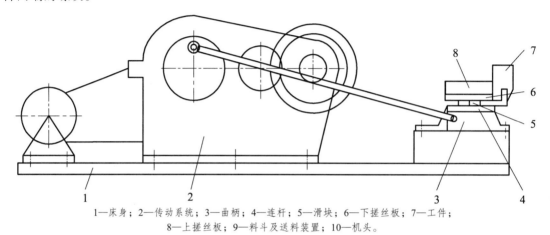

1—床身；2—传动系统；3—曲柄；4—连杆；5—滑块；6—下搓丝板；7—工件；
8—上搓丝板；9—料斗及送料装置；10—机头。

图 6-6　平板搓丝机总体方案参考图

（2）室内工作，生产批量为 50 台。

（3）动力源为三相交流 380 V/220 V，电动机单向运转，载荷较平稳。

（4）使用期限为 12 年，大修周期为 6 年，双班制工作。

2. 原始技术参数

原始技术参数如表 6-5 所示。

表 6-5　原始技术参数

数据组编号	1			2			3		
最大加工直径/mm	6	8	10	8	10	12	10	12	16
最大加工长度/mm	170			190			220		
滑块行程/mm	290～320			320～350			300～360		
搓丝动力/kN	8.5			9.5			10		
生产率/（件/min）	35			30			25		

3. 设计任务

（1）针对图 6-6 所示的平板搓丝机传动方案，依据设计要求和已知参数，绘制平板搓丝机的机构运动简图。

（2）设计确定各运动构件的运动学参数（如齿轮传动比、齿数、杆件长度等）以及主要传动装置的结构设计及校核计算。

（3）完成执行元件的结构设计。

（4）完成装配图 1 张（0 号或 1 号图），零件图 2 张（图幅不限）。

（5）编写设计计算说明书。

五、卷扬机传动装置设计

1. 题目简介及设计要求

卷扬机是用卷筒缠绕钢丝绳或链条在建筑工地提升、牵引重物的轻小型起重设备，又称绞车，可以垂直提升、水平或倾斜拽引重物，通常以电动卷扬机为主。

（1）室外工作，粉尘量大；生产批量为 50 台。

（2）动力源为三相交流 380 V/220 V，电动机单向运转，工作载荷较为平稳。

（3）使用期限为 12 年，大修周期为 4 年，双班制工作。

卷扬机传动装置设计如图 6-7 所示。

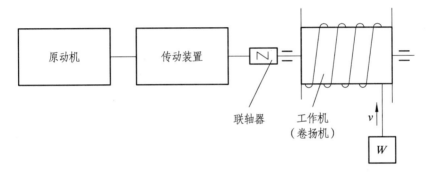

图 6-7　卷扬机传动方案参考图

2. 原始技术参数

原始技术参数如表 6-6 所示。

表 6-6　原始技术参数

数据编号	1	2	3	4	5	6	7	8
绳牵引力 W/kN	13	12	10	10	10	8	7	7
绳牵引速度 v/（m/s）	0.3	0.4	0.3	0.4	0.5	0.6	0.5	0.6
卷筒直径 D/mm	450	480	420	440	480	430	450	480

3. 设计任务

（1）提出 2~3 个卷扬机的总体传动方案，并对方案进行比选，绘制整机原理图。

（2）完成卷扬机主要传动装置的结构设计及主要零部件的校核计算。

（3）绘制装配图 1 张（0 号或 1 号图），零件图 2 张（图幅不限）。

（4）编写设计计算说明书 1 份。

六、简易专用半自动三轴钻床传动装置设计

1. 题目简介及设计要求

（1）简易半自动三轴钻床用于在零件表面同时钻孔，以提高工作效率。该机由电动机驱动，通过传动装置使三个钻头以相同的切削速度 v 做切削主运动，安装工件的工作台做进给运动。每个钻头的切削阻力矩为 T，每个钻头的轴向进给阻力为 F，被加工零件上三孔直径均为 D，每分钟加工两件。

（2）室内工作，生产批量为 50 台。

（3）动力源为三相交流 380 V/220 V，电动机单向运转，工作载荷较为平稳。

（4）使用期限为 10 年，大修周期为 4 年，双班制工作。

该钻床的总体方案及传动装置如图 6-8 所示。

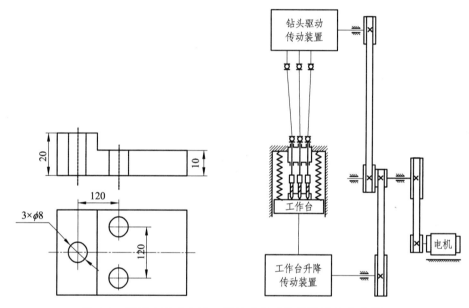

图 6-8　简易专用半自动三轴钻床传动装置设计方案参考图

2. 原始技术参数

原始技术参数如表 6-7 所示。

表 6-7　原始技术参数

数据编号	1	2	3	4	5
切削速度 v/（m/s）	0.24	0.23	0.22	0.21	0.2
孔径 D/mm	6.5	7	8.5	9	9.5
总切削阻力矩 T/（N·m）	110	120	125	130	140
工作台及附件最大质量/kg	460	510	560	580	620
工作台最大速度/（m/s）	0.15	0.15	0.15	0.15	0.15
切削时间/s	5.5	6.5	7	8	8.5
工作台切削阻力/N	1 220	1 250	1 280	1 320	1 400

3. 设计任务

（1）提出 2~3 个简易半自动三轴钻床的总体方案，进行方案比选，绘制整机原理图。

（2）设计传动系统并进行传动比分配；

（3）设计进料机构、定位机构和进刀机构；

（4）绘制钻床总装图 1 张（0 号或 1 号图），零件图 2 张（图幅不限）。

（5）编写设计说明书 1 份。

七、热镦机送料机械手设计

1. 题目简介及设计要求

（1）设计二自由度关节式热镦挤送料机械手，由电动机驱动，夹送圆柱形镦料，往 40 t 镦头机送料。它的动作顺序是：手指夹料，手臂上摆一定角度，然后手臂水平回转一定角度，然后手臂下摆与上摆相同的角度，手指张开放料。手臂再上摆，水平反转，下摆，同时手指张开，准备夹料。其主要要求是完成手臂上下摆动以及水平回转的机械运动设计。图 6-9 为机械手的外观图。

（2）室内工作，生产批量为 50 台。

（3）动力源为三相交流 380 V/220 V，电动机单向运转，载荷较平稳。

（4）使用期限为 10 年，大修周期为 3 年，双班制工作。

（5）专业机械厂制造，可加工 7、8 级精度的齿轮、蜗轮。

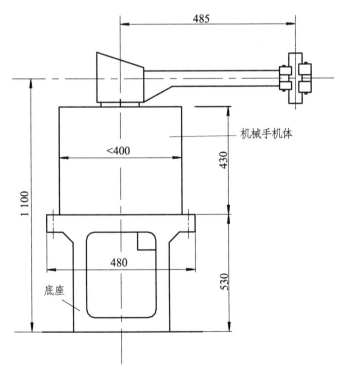

图 6-9　热镦机送料机械手总体结构参考图

2. 原始技术参数

原始技术参数如表 6-8 所示。

表 6-8　原始技术参数

方案号	最大抓取质量	手指夹持工件最大直径	手臂回转角度	手臂回转半径	手臂上下摆动角度	送料频率	电机转速
1	2.2 kg	26 mm	155°	650 mm	18°	20 次/min	980 r/min
2	2.6 kg	32 mm	155°	680 mm	20°	20 次/min	980 r/min

3. 设计任务

（1）至少提出可行的两种运动方案，然后进行方案分析对比，选出一种运动方案，完成热镦机送料机构总体方案的设计和论证，绘制总体设计原理方案图及运动循环图。

（2）对平面连杆机构进行尺度综合，确定各个构件的尺寸并进行运动分析；验证输出构件的轨迹及运动范围是否满足设计要求，并详细列出其求解过程。

（3）用软件（VB、MATLAB、ADAMS 或 SOLIDWORKS 等均可）对执行机构进行可视化仿真，并画出输出机构的位移、速度和加速度线图。

（4）对传动装置进行结构设计，并建立整机三维数字化设计模型。

（5）完成装配图 1 张（用 A0 或 A1 图纸）。

（6）完成零件图 2 张。

（7）编写设计说明书 1 份。

八、地铁风管保温钉自动贴钉装置设计

1. 题目简介及设计要求

（1）风管是地铁车站通风系统的重要组成部分、通常，通风系统是指空调、通风系统，包括空调机、风机、风阀与风管路（风道）设备。因此，风管是地铁车站恒温装置的重要组成部件，其安装施工工艺过程如下：先通过保温钉专用胶将保温钉头底部固定于风管的外壁上，然后在其上面铺设保温棉，之后再将保温钉固定盖穿入保温钉中，将保温棉压紧，形成风管预装部件，最后再将风管预装部件安装固定于基座上，如图 6-10 所示。风管四面外壁均需铺设保温棉和保温钉。

（2）室内工作，生产批量为 100 台。

（3）动力源为三相交流 380 V/220 V，电动机单向运转，载荷较平稳。

（4）使用期限为 10 年，大修周期为 3 年，双班制工作。

（5）专业机械厂制造，可加工 7、8 级精度的齿轮、蜗轮。

（6）保温钉方向保持一致。

（7）保温钉布置采用梅花形或井字形。

（8）要求具有较高的自动化程度，生产效率高（至少不低于人工铺设效率），操作简便。

（9）铺钉装置应尽可能适应不同规格截面尺寸的风管铺钉使用。

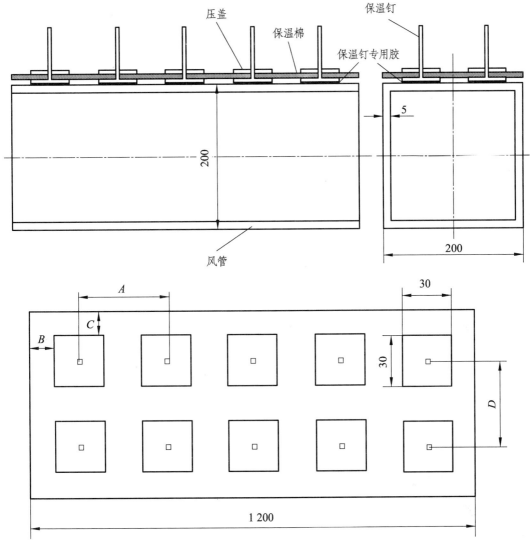

图 6-10 风管单面铺设保温钉示意图

2. 原始技术参数

原始技术参数如表 6-9 所示。

表 6-9 原始技术参数

方案号	风管截面尺寸 /mm	保温钉间距尺寸 A 和 D /mm		保温钉首行或首列离风管法兰 和边沿的间距不大于/mm		单节风管 长度/mm
		A	D	B	C	
1	200×200	100	100	80	80	1 200
2	400×400	130	130	100	100	1 800

3. 保温钉贴钉工艺推荐过程（设计者根据自己的方案，也可不按此工艺贴钉）

（1）先在地面场地上将风管顶面的保温钉贴上。

（2）将风管举升到距离地面 4～5 m 高度。

（3）通过贴钉装置自动完成风管两侧面及底面的贴钉工序。

4. 设计任务

（1）系统总体方案拟定，并画出整体原理图。

（2）完成升降机构及贴钉装置的结构设计，并建立三维数字化模型。

（3）驱动部件（如电机）的参数计算及选型。

（4）用软件对执行机构进行可视化仿真（见图 6-11），并画出输出机构的位移、速度和加速度线图。

（5）完成装配图 1 张（0 号或 1 号图），零件图 2 张（图幅不限）。

（6）编写设计说明书 1 份。

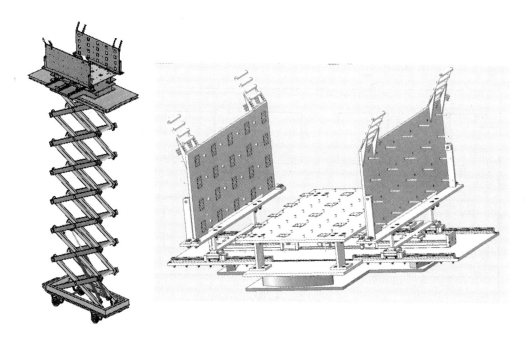

图 6-11　地铁风管保温钉贴钉装置总体结构及贴钉机构参考方案图

九、小型自动卸煤机工作装置设计

1. 题目简介及设计要求

（1）过去火车货场都是由人工卸煤，效率比较低，劳动强度大，粉尘对人员的身体有很大影响，因此现在大部分货场都开始采用机械化方式卸煤，如图 6-12 所示。与传统的人工卸煤相比，火车卸煤机节约了卸载成本，提高了经济效益，减少了劳动者的劳动强度，改善了工作环境。现有的自动化火车卸煤方式主要包括挖掘机铲斗卸煤、翻车机卸煤，前者在使用过程中存在操作人员视线受车体侧墙阻挡、铲斗对车体轴承损害较大等弊端；后者则存在设备体积过于庞大、总体成本较高、设备维护保养费用昂贵等不足。因此，当前生产现场急需一种小型化、成本可控的自动化卸煤装置，本题目就是根据 C_{70} 敞车的特点设计一款单人操作的小型自动化卸煤机。

图 6-12　火车货场卸煤方案

（2）室外工作，生产批量为 100 台。

（3）动力源为三相交流 380 V/220 V，如使用电动机作为动力源，则电动机单向运转，载荷较平稳。

（4）使用期限为 10 年，大修周期为 3 年，双班制工作。

（5）专业机械厂制造，可加工 7、8 级精度的齿轮、蜗轮。

（6）卸煤方式：（可以但不必须）从车厢顶部进入，从车厢一侧的中门和六个小门将煤卸出。

（7）每节车厢卸煤时间 20 min。

（8）卸煤的工作装置应考虑减少或消除对运煤车厢的损害，特别是尽量避免对车体轴承的损害。

（9）开始卸煤时，车厢门（包括一个中门、六扇小门）打开后煤炭在重力作用下的自动掉落量按车体运载总量（即 70 t）的 1/4 估算；卸煤结束时车厢底部剩余煤炭应尽可能少。

2. 原始技术参数

C_{70}敞车相关参数可查铁路车辆手册。

3. 设计任务

（1）根据设计要求探索卸煤工作装置的各个可能方案，并对所有方案进行分析对比，选取最优方案进行机构设计，绘制整机运动简图。

（2）根据所提供的工作参数，对卸煤机工作机构进行尺度综合，确定工作机构各个杆件的长度和相关运动学参数（如执行构件行程、传动构件传动比等）。

（3）建立整机三维数字化模型。

（4）用软件（VB、MATLAB、ADAMS 或 SOLIDWORKS 等均可）对执行机构进行可视化仿真，并画出输出机构的位移、速度和加速度线图。

（5）对工作装置进行机构的动力学分析和计算，确定原动机基本技术参数。

（6）完成装配图 1 张（用 A0 或 A1 图纸）。

（7）完成零件图 2 张。

（8）编写设计说明书 1 份。

十、高位自卸车工作装置设计

1. 题目简介及设计要求

（1）目前国内生产的自卸汽车其卸货方式为散装货物沿汽车大梁卸下，卸货高度都是固定的。若需要将货物卸到较高处或使货物堆积得较高些，目前的自卸汽车（见图 6-13）就难以满足要求。为此需设计一种高位自卸汽车，它能将车厢举升到一定高度后再倾斜车厢卸货（见图 6-14）。

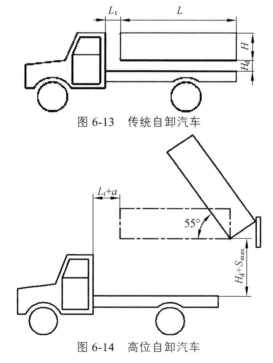

图 6-13　传统自卸汽车

图 6-14　高位自卸汽车

（2）室外工作，生产批量为 1 000 台。

（3）具有一般自卸汽车的功能。

（4）在比较水平的状态下，能将满载货物的车厢平稳地举升到一定高度，最大升程 S_{max} 见表 6-10。

（5）为方便卸货，要求车厢在举升过程中逐步后移（见图 6-14），车厢处于最大升程位置时，其后移量 a 见表 6-10。为保证车厢的稳定性，其最大后移量 a_{max} 不得超过 $1.2a$。

（6）举升过程中可在任意高度卸货。

（7）在车厢倾斜卸货时，后厢门随之联动打开；卸货完毕，车厢恢复水平状态，后厢门也随之可靠关闭（见图 6-15）。

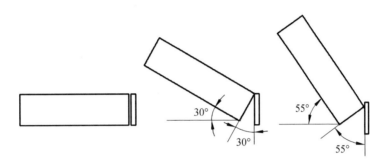

图 6-15　自卸车厢倾斜角度

（8）举升和翻转机构的安装空间不超过车厢底部与大梁间的空间，后厢门打开机构的安装面不超过车厢侧面。

（9）结构尽量紧凑、简单、可靠，具有良好的动力传递性能。

2. 原始技术参数

原始技术参数如表 6-10 所示。

表 6-10　原始技术参数

方案号	车厢尺寸（长×宽×高）/mm	S_{max}/mm	a/mm	W/kg	L/mm	H/mm
1	4 000×2 000×640	1 800	380	4 500	300	500
2	3 900×2 000×620	1 850	350	4 800	300	500
3	3 900×1 800×630	1 900	320	4 500	290	480
4	3 800×1 800×630	1 960	300	4 200	280	470
5	3 700×1 800×620	2 000	280	4 000	250	460
6	3600×1800×610	2100	250	3900	240	450

3. 设计任务

（1）根据设计要求选择可行方案，并在多个原动力下将整个机构进行综合，绘制整机运动简图。确定各构件的尺寸和参数（应有必要的计算求解过程）。

（2）满足前面所述的相关技术要求。

（3）进行举升机构结构设计，并建立整机三维数字化模型。

（4）用软件（VB、MATLAB、ADAMS 或 SOLIDWORKS 等均可）对执行机构进行可视化仿真，并画出输出机构的位移、速度和加速度线图。

（5）对工作装置进行机构的动力学分析和计算，确定原动机基本技术参数。

（6）完成装配图 1 张（用 A0 或 A1 图纸），零件图 2 张，编写设计说明书 1 份。

4. 参考方案

以下方案仅供参考。

1）举升机构（见图 6-16）

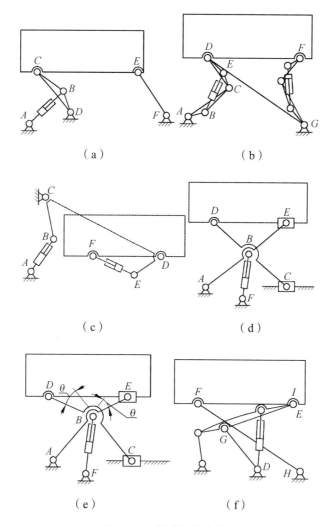

（a）　　　　　　　　　　（b）

（c）　　　　　　　　　　（d）

（e）　　　　　　　　　　（f）

图 6-16　举升机构方案

2）倾倒机构（见图 6-17）

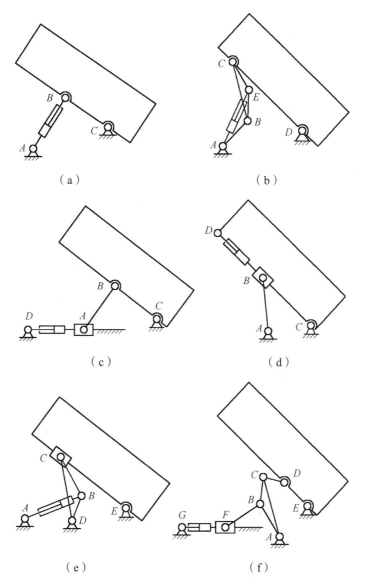

图 6-17　倾倒机构方案

3）后厢门启闭机构（见图 6-18）

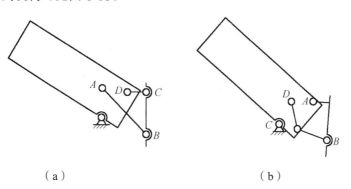

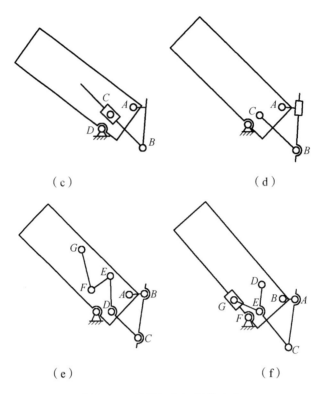

（c）　　　　　　　　　（d）

（e）　　　　　　　　　（f）

图 6-18　后厢门启闭机构方案

5. 设计提示

以下是一个任意选定的方案及设计步骤，供同学们参考。

1）举升机构（见图 6-19）

（1）数学模型：

$$S = AM \cdot (1 - \cos\beta) + MO\sin\beta$$

$$a = AM \cdot \sin\beta + MO(\cos\beta - 1)$$

式中　S——升高量；

　　　a——后移量；

　　　Δ——0.2 ~ 0.3 m（限制倾斜后，$S_{\max}$、a 有所减小）。

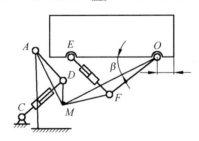

图 6-19　自卸车厢举升机构示意图

$AM < 1.2 ~ 1.5$ m（限制整车高度）。

选择 AM、β、MO 以满足升高和后移量。

（2）确定油缸 C、D 点位置。

要求：

① $\Delta l_{CD} \leqslant 500$ mm；

② $P_{CD\max} \leqslant 3W$；

③ 尽量减少 P_{CD} 的波动。

（3）确定油缸 E、F 点位置。

要求：

① $\Delta l_{EF} \leqslant 600$ mm；

② $P_{EF\max} \leqslant 1.5W$；

③ 尽量减少 P_{EF} 的波动。

（4）检验传动角。

$$\gamma_{\min} \leqslant 40°$$

2）倾斜机构（见图 6-20）

（1）数学模型：

$$(\boldsymbol{I}_2 - \boldsymbol{H}_2)(\boldsymbol{I}_2 - \boldsymbol{H}_2)^{\mathrm{T}} - (\boldsymbol{I}_1 - \boldsymbol{H}_1)(\boldsymbol{I}_1 - \boldsymbol{H}_1)^{\mathrm{T}} = \boldsymbol{0}$$

其中：

$$(\boldsymbol{H}_2 - \boldsymbol{O}) = [\boldsymbol{R}_{-55°}](\boldsymbol{H}_1 - \boldsymbol{O})$$

$$(\boldsymbol{I}_2 - \boldsymbol{G}) = [\boldsymbol{R}_{\theta GI}](\boldsymbol{I}_1 - \boldsymbol{G})$$

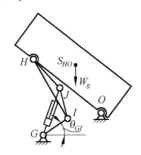

图 6-20　自卸车厢倾斜机构示意图

可选定：G（G_x，G_y），H_{1x}，I_{1y}，θ_{GI}，解出 I_{1x}，该部分的解法可参考相关的《机械原理》教材。

（2）确定油缸 J 点的位置。

要求：

① $\Delta l_{JG} \leqslant 500$ mm；

② $P_{JG\max} \leqslant 3W$；

③ P_{JG} 的波动尽可能小。

可用虚位移原理求 P_{JG}。

$$W_{\mathrm{g}} \cdot \dot{S}_{HO} + P_{GJ} \cdot \dot{J}_1 = 0$$

求 J_1，S_{HO}，$\dot{J}_1$，$\dot{S}_{HO}$ 的方法如图 6-21 所示。

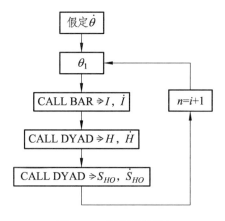

图 6-21　计算流程图

（3）验算传动角（J 点）。

3）后厢门启闭机构（见图 6-22）

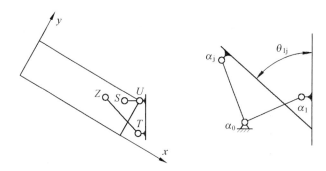

图 6-22　后厢门启闭机构示意图

（1）数学模型：

$$(\boldsymbol{a}_{\mathrm{j}}-\boldsymbol{a}_0)(\boldsymbol{a}_{\mathrm{j}}-\boldsymbol{a}_0)^{\mathrm{T}}-(\boldsymbol{a}_1-\boldsymbol{a}_0)(\boldsymbol{a}_1-\boldsymbol{a}_0)^{\mathrm{T}}=\boldsymbol{0}$$

其中：$\begin{bmatrix}\boldsymbol{a}_{\mathrm{j}}\\\boldsymbol{1}\end{bmatrix}=[\boldsymbol{D}_{\theta 1\mathrm{j}}]\cdot\begin{bmatrix}\boldsymbol{a}_1\\\boldsymbol{1}\end{bmatrix}$（$i$=2，3）

其解法参见《机械原理》教材。

（2）综合 U_1、S 点（$U_1=a_1$，$S=a_0$）。

选定参考点：P_1（P_{1x}，P_{1y}）、P_2（P_{2x}，P_{2y}）、P_3（P_{3x}，P_{3y}）、θ_{12}、θ_{13}。

选择：S（S_x，S_y）、U_1（U_{1x}，U_{1y}）中的两个参数再解出另外两个。

（3）综合 T_1、Z 点（$T_1=a_1$，$Z=a_0$）

方法同上。

（4）验算传动角条件及到位情况。

此步骤可借助图解法完成。

十一、肥皂压花机机构系统设计

1. 题目简介及设计要求

（1）肥皂压花机是在肥皂块上利用模具在肥皂的两面压制花纹和字样的自动机，其机械传动系统的执行机构如图 6-23（a）所示。按一定比例将切制好的肥皂块 3 由推杆 4 送至压模工位，而后，下模具往上移动，将肥皂块推送至上模具 2 的下方，上下模具同时挤压，靠压力在肥皂块上、下两面同时压制出花纹和图案，下模具返回时，由曲柄滑块机构带动顶杆 5 将肥皂推出，完成一个运动循环。

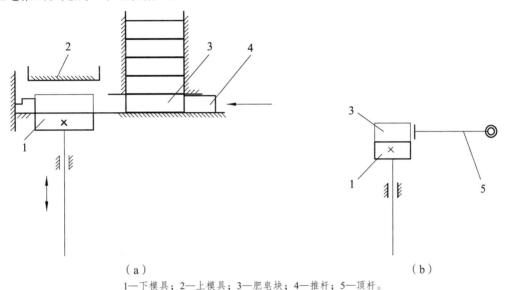

（a）　　　　　　　　　　　　　　（b）

1—下模具；2—上模具；3—肥皂块；4—推杆；5—顶杆。

图 6-23　肥皂压花机执行机构工作原理图

（2）室内工作，生产批量为 50 台。

（3）动力源为三相交流 380 V/220 V，如使用电动机作为动力源，则电动机单向运转，工作载荷较为平稳。

（4）使用期限为 10 年，大修周期为 5 年，双班制工作。生产效率为每分钟压制 50 块。

2. 设计方案提示

执行构件的运动均为往复运动，可采用直动从动件凸轮机构、多杆曲柄滑块机构等来实现。传动系统部分可参考图 6-24 所示的有关内容。

如图 6-24 所示，肥皂压花机的工作部分包括 3 套执行机构，分别完成送料、压花和出料三个主要的规定工艺动作。曲柄滑块机构 10 完成将肥皂块送进模具成型工位的运动，下模具的往复运动由六杆机构 6 实现，压花完成的肥皂块则由出料凸轮 13 推出。

上述 3 个运动按相应的动作时序协调工作。因整机功率需求不大，故用一台电动机驱动，利用减速装置来实现执行机构较低频率的工作要求，减速装置由一级 V 带传动和两级展开式齿轮传动组成，由高速级的带传动实现过载保护。当机器要求具有调速功能时，可将无级变速传动代替带传动。轴 I 和轴 II 的远距离运动传递由链传动 12 实现，锥齿轮传动 5、9 用于改变传动方向。

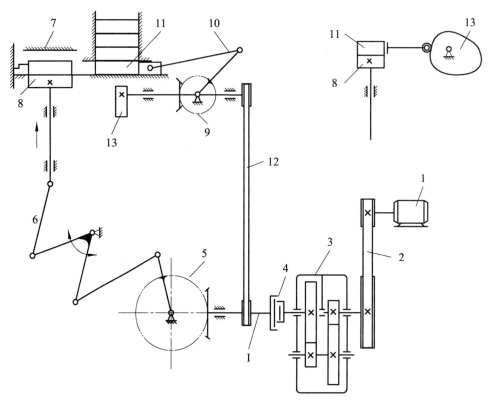

1—电动机；2—V带传动；3—齿轮减速器；4—离合器；5，9—锥齿轮传动；6—连杆机构；7—上模具；
8—下模具；10—曲柄滑块机构；11—肥皂块；12—带传动；13—出料凸轮。

图 6-24　肥皂压花机工作原理图

该参考设计方案的传动系统为三路混联，其中下模具的上下往复运动为主运动（对应于主传动链），肥皂块送料和出料运动链为辅助传动链。

3. 设计任务

（1）进行肥皂压花机选型，实现上述工艺动作的配合，提出总体方案，绘制整机运动简图，并进行机械运动方案的评定和选择。

（2）根据工艺动作要求拟定运动循环图，满足整机工艺动作的时序要求。

（3）对传动机构和执行机构进行运动尺寸的设计（应有必要的计算求解过程）。

（4）对工作装置进行机构的动力学分析和计算，确定原动机基本技术参数。

（5）进行执行机构和传动系统的结构设计，并建立整机三维数字化模型。

（6）用软件（VB、MATLAB、ADAMS 或 SOLIDWORKS 等均可）对执行机构进行可视化仿真，并画出输出机构的位移、速度和加速度线图。

（7）完成装配图 1 张（0 号或 1 号图纸），零件图 2 张（图幅不限）。

（8）编写设计说明书 1 份。

十二、精压机冲压及送料机构系统设计

1. 题目简介及设计要求

（1）精压机是用于薄壁铝合金制件的精压深冲工艺。它是将薄壁铝板一次冲压拉深成为深筒形，成型后将成品推出模腔。

（2）按照零件成型要求，其工艺动作如图 6-25 所示。首先从侧面将坯料送至待加工位置，而后上模快速接近坯料，接触工件后以近似于匀速的运动下冲，进行拉延成型工作，完成拉深成型后上模继续下行将成品推出型腔，最后快速返回。上模退出下模后，送料机构又从侧面将坯料送至待加工位置，进行下一个工作循环。

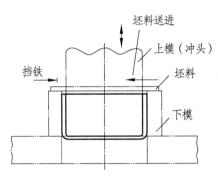

图 6-25　精压机的工作原理

（3）动力源为交流异步电机，冲模滑块的上下往复直线运动规律大致如图 6-26 所示，具有快速下沉、等速工作进给和急回特性。

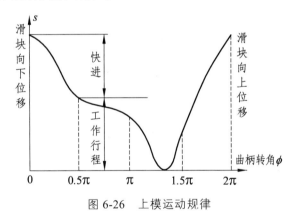

图 6-26　上模运动规律

（4）要求机构应具有较好的传力性能，因此其工作段的传动角 γ 应大于或等于许用传动角 $[\gamma]=40°$。

（5）送料机构将坯料送至待加工位置后上模才能接触工件。

（6）室内工作，生产批量为 50 台。

（7）动力源为三相交流 380 V/220 V，如使用电动机作为动力源，则电动机单向运转，载荷较平稳。

（8）使用期限为 10 年，大修周期为 5 年，双班制工作。

2. 原始技术参数

（1）冲压成型工艺的生产率为 70 件/min。

（2）上模冲压滑块的工作行程为 l =30～100 mm，且必须大于工作段长度的两倍以上。对应曲柄转角 $\varphi = (0.33～0.5)\pi$ 。

（3）行程速度变化系数 $K \geqslant 1.5$ 。

（4）送料距离 H =80～280 mm。

（5）电动机额定转速为 1 440 r/min。

3. 设计方案构思提示

精压机的执行机构为曲柄滑块（上模）机构，根据题意，工作行程应为等速运动，并具有急回特性，同时还具有较好的动力特性。要满足上述要求，仅靠单一的基本机构（如偏置曲柄滑块机构、摆动导杆机构等）是难以实现的，因此必须用组合机构。送料机构要求做间歇送进，采用凸轮机构是一种比较可行的方案。为此提出下述组合机构方案，更多的方案有待设计者自行构思。

（1）参考方案 1：如图 6-27 所示，冲压机构采用两自由度的双曲柄七杆机构，用齿轮副将其封闭为一个自由度。恰当地选择 E 点的轨迹和设计相关杆件的尺寸，可保证机构具有急回运动特性和冲头末端的匀速运动特性，并使传动角满足题意要求。

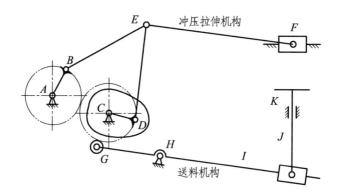

图 6-27　齿轮-连杆冲压机构和凸轮-连杆送料机构

送料机构由凸轮连杆机构串联组成，按机构运动循环图确定凸轮工作角，再按从动件运动规律确定凸轮轮廓，即可确保在预定时间将坯料送至待加工位置。

（2）参考方案 2：如图 6-28 所示，冲压机构由曲柄连杆机构串联一个转杆滑块机构组合而成。可依据给定的行程速比系数 K 确定曲柄连杆机构和转杆滑块机构的几何尺寸。适当选择移动导轨的位置，可使工作段满足匀速要求及相应的传力性能要求。送料机构采用凸轮机构，以便满足间歇运动要求，送料凸轮轴通过齿轮机构与曲柄轴相连，以实现机构封闭。

（3）参考方案 3：如图 6-29 所示，冲压机构由铰链四杆机构和一个三级杆组串联组合而成，其目的是更好地满足冲头的匀速运动及力学性能要求。送料机构由凸轮机构和连杆机构串联而成，以便实现工件间歇送进。送料凸轮通过齿轮机构与曲柄轴相连，以实现机构闭合，满足运作时序要求。

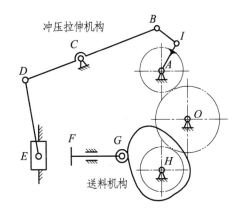

图 6-28　连杆串联冲压机构和凸轮送料机构

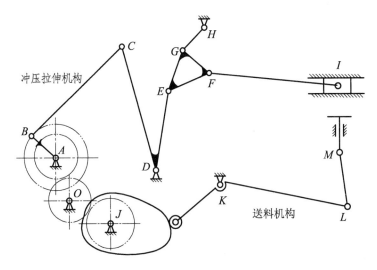

图 6-29　八连杆冲压机构和凸轮-连杆送料机构

4. 设计任务

（1）进行精压机总体方案设计，绘制整机运动简图，并进行机械运动方案的评定和选择。

（2）根据工艺动作时序要求拟定运动循环图。

（3）对传动机构和执行机构进行运动尺寸的设计（应有必要的计算求解过程）。

（4）对工作装置进行机构的动力学分析和计算，确定原动机基本技术参数。

（5）进行执行机构和传动系统的结构设计，并建立整机三维数字化模型。

（6）用软件（VB、MATLAB、ADAMS 或 SOLIDWORKS 等均可）对执行机构进行可视化仿真，并画出输出机构的位移、速度和加速度线图。

（7）完成装配图 1 张（用 A0 或 A1 图纸），零件图 2 张，编写设计说明书 1 份。

十三、自动喂料搅拌机机械结构设计

1. 题目简介及设计要求

（1）设计用于食品工业用的自动喂料搅拌机，能将各种干草、农作物秸秆、青贮饲料等和精料直接混合饲喂。物料的搅拌动作为：电机通过减速装置带动贮料罐缓慢转动；同时，固连在贮料罐内的搅拌勺 E 点沿图 6-30 所示的双点画线做轨迹运动，将饲料搅拌均匀。待搅拌饲料呈粒状或粉状定时从漏斗中漏出，输料持续一段时间后漏斗自动关闭。喂料机的开启、关闭动作应与搅拌机同步。本题中可暂时不用考虑搅拌后的物料输出功能。

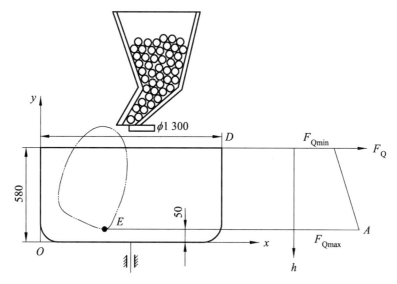

图 6-30　自动喂料搅拌机外形及阻力线图

（2）室内工作，生产批量为 50 台。

（3）动力源为三相交流 380 V/220 V，如使用电动机作为动力源，则电动机单向运转，载荷较平稳。

（4）使用期限为 10 年，大修周期为 5 年，双班制工作。

2. 原始技术参数

假定工作时拌料对拌勺的压力与拌勺运动的深度成正比，即拌勺阻力呈线性变化，如图 6-30 所示。表 6-11 为自动喂料搅拌机拌勺 E 的搅拌轨迹数据。表 6-12 为自动喂料搅拌机运动分析数据。表 6-13 为自动喂料搅拌机动态静力分析及飞轮转动惯量数据。

表 6-11　自动喂料搅拌机拌勺 E 的搅拌轨迹数据表

位置号	i	1	2	3	4	5	6	7	8
方案 A	x_i	526	505	470	395	215	105	41	166
	y_i	149	427	660	742	635	455	205	81
方案 B	x_i	510	486	452	380	206	82	25	190
	y_i	152	367	668	745	644	465	210	81
方案 C	x_i	521	496	468	372	262	75	16	152
	y_i	152	312	572	754	706	465	202	83
方案 D	x_i	506	495	476	375	195	76	14	184
	y_i	185	334	525	765	660	482	226	104

表 6-12　自动喂料搅拌机运动分析数据

方案号	固定铰链 A、D 的位置				电动机转速 /（r/min）	容器转速 /（r/min）	每次搅拌 时间/s	物料装入 容器时间/s
	x_A/mm	y_A/mm	x_D/mm	y_D/mm				
方案 A	1 800	400	1 205	0	1 440	75	60	45
方案 B	1 825	405	1 205	0	1 440	65	80	50
方案 C	1 830	415	1 205	0	960	60	110	55
方案 D	1 835	420	1 205	0	720	50	120	60

表 6-13　自动喂料搅拌机动态静力分析及飞轮转动惯量数据

方案号	F_{Qmax}/N	F_{Qmin}/N	δ	s_2	s_3	m_2/kg	m_3/kg	J_{s2}/kg·m²	J_{s3}/kg·m²
方案 A	2 100	500	0.05	位于连杆2的中点	位于从动连架杆3的中点	125	40	1.85	0.06
方案 B	2 210	560	0.05			130	42	1.92	0.07
方案 C	2 450	650	0.04			135	44	1.96	0.072
方案 D	2 650	680	0.04			140	46	2.10	0.075

3. 设计方案构思提示

（1）此题目为一典型的连杆机构轨迹复现设计问题，含有较为丰富的机构设计与分析内容，如平面连杆机构运动轨迹复现设计、四杆机构的运动分析与动态静力分析、飞轮转动惯量及主要尺寸的确定，以及齿轮机构设计、凸轮廓线设计等。指导教师可根据实际情况确定学生全部或部分完成该题的设计任务，或者将设计工作分阶段执行。

（2）可利用铰链四杆机构的连杆曲线丰富的运动轨迹，取连杆上适当的点作为拌勺的搅拌点 E。由于 E 点要达到的轨迹点较多，因此建议使用解析法确定连杆机构的尺寸。连杆结构的运动方程有可能是多元非线性方程，因此最好采用数值迭代法进行求解，求解的初值可借助于图谱法得到。

4. 设计任务

（1）进行搅拌机总体方案设计，绘制整机运动简图，并进行机械运动方案的评定和选择。

（2）机器应包括齿轮机构、连杆机构、凸轮机构在内的三种以上机构。

（3）利用铰链四杆机构上连杆的轨迹曲线来实现搅拌勺点 E 轨迹较为简单，该机构的两个固定铰链 A、D 的坐标值已在上述表中给出。

（4）对传动机构和执行机构进行运动尺寸的设计（应有必要的计算求解过程）。

（5）对工作装置进行机构的运动学和动力学分析，确定原动机基本技术参数。

（6）飞轮转动惯量的确定，完成飞轮结构设计。

（7）进行执行机构和传动系统的结构设计，并建立整机三维数字化模型。

（8）鼓励采用 ADAMS 软件进行运动及动力学仿真求解上述飞轮结构参数。

（9）完成装配图 1 张（0 号或 1 号图），零件图 2 张（图幅不限）。

（10）编写设计说明书 1 份。

十四、棉签卷棉机机构设计

1. 题目简介及设计要求

（1）在新冠疫情的冲击下，棉签的消耗量很大，以往均由医务人员在值班间歇中用手工卷制，为提高工作效率及减轻劳动强度，本题目拟采用机械完成棉签的卷制。棉签的卷制过程可以仿照手工方式进行，也可采用其他原理完成棉签卷制。对棉签的手工卷制方法进行分解后可得到如下几个过程：

① 送棉：用机构将条状棉定时、定量送入；

② 揪棉：将条状棉压（卷）紧并揪棉，使其揪下定长的条棉；

③ 送签：将签杆送至导棉槽上方与定长棉条接触；

④ 卷棉：签杆自转并移动完成卷棉动作。

（2）室内工作，生产批量为 100 台。

（3）动力源为三相交流 380 V/220 V，如使用电动机作为动力源，则电动机单向运转，载荷较平稳。

（4）使用期限为 10 年，大修周期为 3 年，双班制工作。

2. 原始技术参数

（1）棉花：条状脱脂棉，宽 20～30 mm，自然厚 4～5 mm。

（2）签杆：医院通用签杆，直径约 $\phi 2$ mm，杆长约 70 mm，卷棉部分长 20～25 mm。

（3）生产率：每分钟卷 60 支，每支卷取棉块长为 25～30 mm。

（4）要求机器结构紧凑，质量小，工作可靠，生产率高，成本低，卷出的棉签松紧适度。

3. 设计方案构思提示

（1）可以采用两滚轮压紧棉条并对滚送进的方式来实现送棉，如图 6-31 所示。送进的方式可采用槽轮间歇机构和摩擦滚轮机构，以实现定时定量送棉；也可以采用直线送进方式，此时送棉机构必须有持棉和直线、间歇、定长送进等功能。

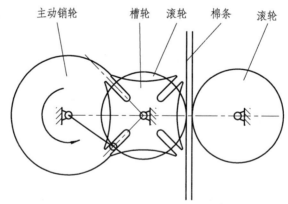

主动销轮　　槽轮　滚轮　　棉条　　滚轮

图 6-31　滚轮送棉机构

（2）揪棉包括压棉和揪棉两个动作，压棉可以采用凸轮机构推动推杆压紧棉条，并通过弹簧来自动调整压紧力。如图 6-32（a）、（b）都可实现压紧功能。图 6-32（a）是靠滚轮 5、6 对滚揪断条棉。图 6-32（b）所示的机构主要由主动凸轮 1、弹簧 2、冲压板 3、刀具 4 和底座 5 组成。当主动凸轮随传动机构做等速逆时针转动时，推动冲压板 3，使之往下运动进而压住棉条，由于冲压板底端刚好与刀具 4 相切，从而完成压棉揪棉动作。当主动凸轮转到回程时，冲压板 3 在弹簧 2 的作用下恢复原位。与此同时，送棉机构将棉条送到冲压板 3 下面，以此来完成下一个运动循环的压棉揪棉动作。此处安装刀具 4 和底座缓冲机构 5 的好处有两个方面：一是比较锋利的刀具和下面的缓冲机构保证了棉条的顺利切割；二是使切割下来的棉条形状比较完整。

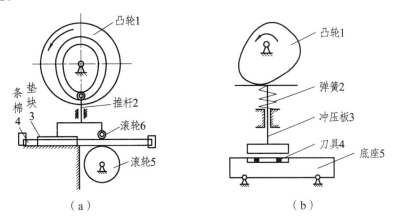

图 6-32　实现压棉和揪棉动作的机构

（3）可采用漏斗口均匀送出签杆，为避免签杆卡滞，可以让漏斗做一定程度的振动。

（4）卷棉可将签杆送至导棉槽，使签杆自转并移动而产生卷棉，可采用带槽形的平带传动来实现此功能。图 6-33（a）为签杆 3 由漏斗形签箱 2 漏入卷轮 4 的槽中后即被卷轮 4 转离签箱，当转进到与静止摩擦片 1 接触后，在摩擦力的作用下签杆边前进边自转，此时签杆外露在卷轮处的头部与导棉槽中的棉花相遇，在压紧力作用下完成卷棉动作。图 6-33（b）是用带槽的平带 4 取签杆，由于挠性皮带具有一定的垂度，所以下面需用托板 7 支撑，使签杆能与静止摩擦片 5 压紧，产生摩擦而自转，实现卷面动作。

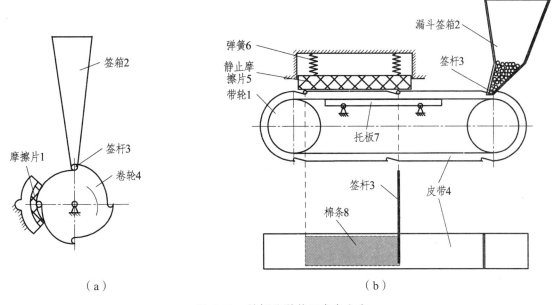

图 6-33　签杆分送装置参考方案

综上，执行机构整机运动简图（参考方案）如图 6-34 所示。

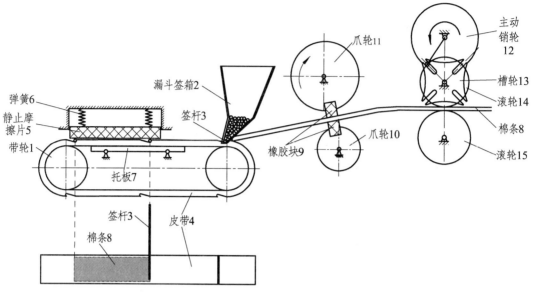

图 6-34　棉签卷棉机执行机构参考方案

4. 设计任务

（1）根据机器的功能要求提出 2~3 个实现方案，完成送棉、揪棉、送签、卷棉的工艺动作要求，并实现动作间的配合。进行方案比选，选出一个最优方案，画出整机原理图。

（2）根据工艺动作的时序要求拟定运动循环图。

（3）根据选定的原动机和执行机构的运动参数拟定机械传动系统方案。

（4）对传动机构和执行机构进行运动尺寸设计。

（5）对传动系统和执行机构进行结构设计，并建立整机三维数字化模型。

（6）用软件（VB、MATLAB、ADAMS 或 SOLIDWORKS 等均可）对执行机构进行可视化仿真，并画出输出机构的位移、速度和加速度线图。

（7）完成装配图 1 张（0 号图），零件图 2 张（图幅不限），编写设计说明书 1 份。

十五、平台印刷机机构设计

1. 题目简介及设计要求

（1）平台印刷机是将铅版上凸出的痕迹借助油墨压印到纸张上的印刷机械，如图 6-35 所示。平台印刷机的压印动作在卷有纸张的滚筒与嵌有铅版的版台之间进行，工艺动作过程由输纸、着墨（将油墨均匀涂抹在嵌于版台上的铅版上）、压印、收纸四部分组成。为降低成本，各机构的运动由同一电机驱动，电机经过减速装置后将运动分为两路：一路经传动机构 I 带动版台做往复直线运动，另一路经传动机构 II 带动滚筒做回转运动。当版台与滚筒接触时，在纸张上压印出字迹或图形。

为实现印刷功能，版台的工作行程可由 3 个区段组成，如图 6-36 所示。在第 1 区段，输纸、着墨机构（未画出）相继完成输纸、着墨作业；在第 2 区段，滚筒和版台完成压印动作；在第 3 区段，收纸机构进行收纸作业。

分析上述平台印刷机的主传动机构的运动，可知它的基本运动为：版台的往复直线运动，滚筒的连续或间歇运动。

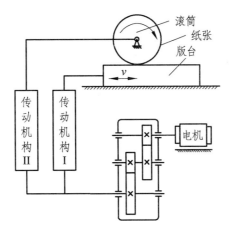

图 6-35　平台印刷机工作原理

图 6-36　版台工作行程的 3 个区段

（2）室内工作，生产批量为 100 台。

（3）动力源为三相交流 380 V/220 V，如使用电动机作为动力源，则电动机单向运转，载荷较平稳。

（4）使用期限为 10 年，大修周期为 5 年，双班制工作。

2. 原始技术参数

设计原始参数如表 6-14 所示。

表 6-14　原始技术参数

项目		低速型	高速型
印刷生产率/（张/h）		1 900 ~ 2 000	4 000 ~ 4 200
版台行程长度/mm		720	795
压印区段长度/mm		420	410
滚筒直径/mm		230	360
电动机参数	功率/kW	1.6	3
	转速/（r/min）	960	1 440

3. 设计方案构思提示

（1）通过对平台印刷机的功能分析可知，它还必须满足如下传动性能要求：

① 在压印区段，滚筒表面点的线速度与版台的移动速度相等，以保证印刷质量，因此滚筒与版台之间必须做纯滚动。

② 在压印区段，版台的速度尽可能平稳，并需将其运动速度控制在一定范围内，以保证整个印刷幅面上的印痕浓淡一致。

（2）版台传动机构选型。

将回转运动转换为直线往复运动的基本机构有很多，如曲柄滑块机构、齿轮齿条机构、摆动导杆机构等，这些基本机构虽然加工制造比较容易，且有急回特性和扩大行程的作用，但其输出构件的速度往往是变化的，这就不符合上述对版台的运动需求，同时构件数较多，运动副累积误差大，机构刚性差、效率低，运动难以平衡，不宜用于高速运动。

较为可行的解决方案是将基本机构组合起来以满足设计要求。

① 曲柄滑块-齿轮齿条组合机构（见图 6-37）。机构由偏置曲柄滑块机构与齿轮齿条机构串联而成。其中，齿条 3 为固定齿条，上齿条与版台固连在一起。采用齿轮齿条机构的目的是实现放大运动行程的功能，版台行程是滑块铰链中心点 C 行程的两倍；利用偏置曲柄滑块机构实现急回特性。

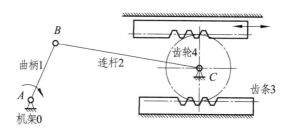

图 6-37 曲柄滑块-齿轮齿条组合机构

② 双曲柄-曲柄滑块-齿轮齿条组合机构（见图 6-38）。由凸轮机构带动下齿条输入另一运动，以得到所需的合成运动。同样可以利用齿轮齿条机构实现行程扩大的功能，即版台（上齿条）运动的行程是滑块铰链中心点 C 行程的两倍。一方面，利用双曲柄机构实现版台在压印区近似等速运动的要求；另一方面，利用曲柄滑块机构来实现版台的行程放大及回程时的急回特性要求。

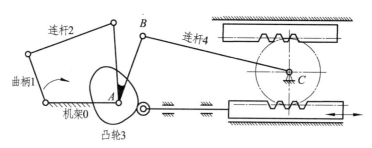

图 6-38 双曲柄-曲柄滑块-齿轮齿条组合机构

③ 齿轮可作为轴向移动的齿轮齿条机构（见图 6-39）。在本方案中，上、下齿条都与版台固接在一起，且均可移动。可借助于凸轮机构拨动滑移齿轮沿其轴向滑动，使齿轮与上、下齿条交替啮合，实现版台的交替往复移动。为使整个印刷幅面的印痕浓淡一致，提高印刷质量，齿轮需做等速转动，以便带动版台做等速往复移动。考虑到齿轮的拨动机构较为复杂，故本方案只适合于对印痕浓淡均匀性要求较高的场合。

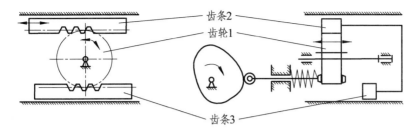

图 6-39　齿轮可做轴向移动的齿轮齿条机构

（3）滚筒回转机构选型。

① 滚筒可转停的回转机构（见图 6-40）。由版台上的活动齿条带动滚筒上的齿轮实现版台和滚筒间的纯滚动，这个机构的特点是结构简单，但当版台做回程运动时，滚筒应停止转动，因此需在版台与滚筒之间增加脱离机构和滚筒定位机构，以实现版台空回时滚筒与版台脱离并定位。脱离装置可采用棘轮式超越离合器来实现，滚筒的定位装置可借助于凸轮机构实现，如图 6-41 所示。由于滚筒时转时停，惯性力较大，难以进行动平衡，因此不宜用于高速印刷场合。

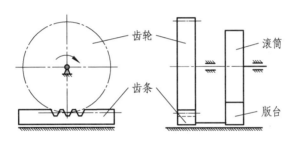

图 6-40　转停式滚筒运动方案

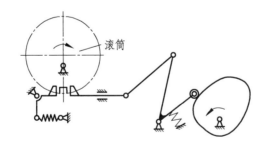

图 6-41　转停式滚筒的定位装置

② 滚筒等速转动机构（见图 6-42）。在本方案中，由齿轮机构直接带动滚筒做匀速转动。这种传动方案一般只与版台做等速移动的机构组合使用。

③ 利用双曲柄机构实现滚筒连续变速回转的机构（见图 6-43）。在本方案中，在两个定轴齿轮机构之间串联一个双曲柄机构来实现运动的传递，由于连杆机构的固有特性，滚筒做的转动是非匀速的。但当连杆机构的杆长设计适当时，可以确保滚筒在压印区段的转速变化是可以忽略的，从而基本上能满足印刷质量要求。由于这种机构的滚筒做连续转动，其动态性能要好于转停式滚筒机构（惯性力矩较小）。

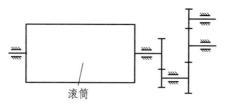

图 6-42 等速滚筒的齿轮传动机构

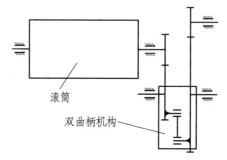

图 6-43 连续转动滚筒的双曲柄机构

（4）机构组合、评价及选优。

将上述各分系统的备选方案进行适当的排列组合，并对各组合形成的总体方案进行定性比较及优选，综合考虑机构的急回特性、行程扩大功能、结构的紧凑性、制造成本以及机器的性能要求（比如滚筒线速度与版台移动速度在压印区段的一致性、滚筒做单向间歇式回转以及滚筒在每一个运动周期重复定位的准确性和可靠性），最终的总体方案采用了如下三种方案的组合：版台移动功能采用曲柄滑块与齿轮齿条机构实现；滚筒间歇式回转功能采用齿轮齿条传动机构实现；滚筒定位功能采用凸轮连杆串联机构实现。整机参考方案如图 6-44 所示。

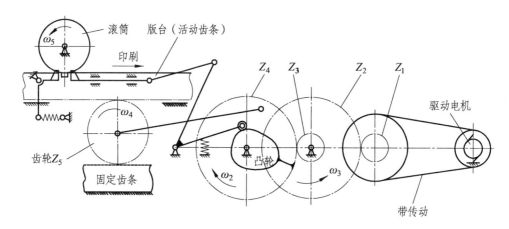

图 6-44 平台印刷机参考运动方案

4. 设计任务

（1）进行机械运动方案的评定和选择。

（2）根据工艺动作要求拟定运动循环图。

（3）根据选定的原动机和执行机构的运动参数拟定整机机械传动系统方案（可适当参考图 6-44 所示方案）。

（4）对传动机构和执行机构进行运动尺寸设计。

（5）对传动系统和执行机构进行结构设计，并建立整机三维数字化模型。

（6）用软件（VB、MATLAB、ADAMS 或 SOLIDWORKS 等均可）对执行机构进行可视化仿真，并画出输出机构的位移、速度和加速度线图。

（7）完成装配图 1 张（用 A0 或 A1 图纸），零件图 2 张，编写设计说明书 1 份。

十六、自动洗瓶机推瓶机构设计

1. 题目简介及设计要求

（1）自动洗瓶机主要能够满足制药、饮料、科研等行业中用于对容器瓶、试管等器皿的清洗、消毒与干燥，设备可自动运行，清洁度高且相对统一，洗瓶效率高。相对于传统的洗瓶，自动洗瓶机的使用可有效避免二次污染，清洁效果也更好。如图 6-45 所示，为了清洗圆形瓶子的外表面，把待洗的瓶子放在两个转动着的导辊上，导辊带动瓶子旋转，当推头 M 将瓶向前推进时，转动着的刷子就把瓶子外面洗干净。当前一个瓶子即将洗刷完毕时，后一个待洗的瓶子已送入导辊待推。洗瓶机的工艺动作：将到位的瓶子沿着导辊轴向推进，同时利用转动着的导辊带动瓶子旋转，刷子的转动可由另一个分流运动实现。

如图 6-45 所示是洗瓶机有关部件的工作情况示意图。

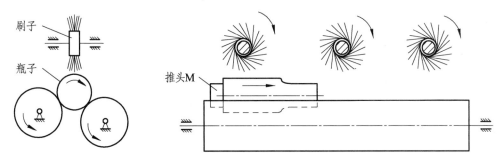

图 6-45　洗瓶机工作情况示意图

（2）室内工作，生产批量为 200 台。

（3）动力源为三相交流 380 V/220 V，如使用电动机作为动力源，则电动机单向运转，载荷较平稳。

（4）使用期限为 10 年，大修周期为 5 年，双班制工作。

2. 原始技术参数

推瓶机构的设计原始数据和要求如下：

（1）瓶子尺寸：大端直径 $d \approx 80$ mm，长 $l = 180 \sim 220$ mm。

（2）推进距离 $l' = 620$ mm。推瓶机构应使推头 M 以接近均匀的速度推瓶，平稳地接触和脱离瓶子，然后推头快速返回原位，准备下一个工作循环。

（3）按生产率的要求，推程平均速度 $v = 45$ mm/s，返回时的平均速度为工作行程平均速度的 3 倍。

（4）机构传动性能良好，结构紧凑，制造方便。

3．设计方案构思提示

（1）推瓶机构一般要求推头工作时做精确直线运动或近似直线运动，回程时运动轨迹形状不限，但应避免推头反向拨动后续的瓶子，如图 6-46 所示。可利用如图 6-47 所示的机构实现推瓶动作。

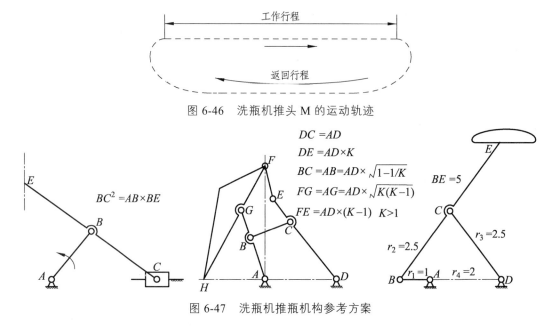

图 6-46　洗瓶机推头 M 的运动轨迹

图 6-47　洗瓶机推瓶机构参考方案

（2）洗瓶机构由一对同向转动的导辊和 3 个转动的刷子组成，为了降低制造成本，导辊和刷子的旋转运动可由一台电机经过减速机构之后利用运动分流来完成。

4．设计任务

（1）进行推瓶机构、洗瓶机构的方案选型，以实现洗瓶动作要求，同时拟定整机机械传动系统方案，提出 2~3 个可行方案并进行方案对比，选择一个较优的方案进行后续运动参数及动力参数设计及结构设计，并绘制整机原理图。

（2）根据工艺动作要求拟定运动循环图。

（3）对传动机构和执行机构进行运动尺寸设计。

（4）对传动系统和执行机构进行结构设计，并建立整机三维数字化模型。

（5）用软件（VB、MATLAB、ADAMS 或 SOLIDWORKS 等均可）对执行机构进行可视化仿真，并画出输出机构的位移、速度和加速度线图。

（6）完成装配图 1 张（用 A0 图纸），零件图 2 张（图幅不限）

（7）编写设计说明书 1 份。

十七、半自动平压模切机设计

1．题目简介及设计要求

（1）半自动平压模切机的功能。半自动平压模切机是印刷、包装行业压制纸盒、纸箱等纸制品的专用设备。该机械可对各种规格的纸板和厚度在 4~6 mm 以下的瓦楞纸板以及各种高级、精细的印刷品进行压痕、切线、压凹凸，经过压痕、切线的纸板，用手工或机械沿切线去掉边料后，沿压出的压痕可折叠成各种纸盒、纸箱或压制成凹凸的商标。

（2）其工艺过程主要有两个：一是将纸板走纸到位；二是进行冲压模切。具体工艺动作为：印刷纸板→夹紧纸板→输入走纸→模切冲压→输出走纸→松开走纸→余料。

（3）每小时压制 3 000 张纸板。

（4）要求动作可靠，结构简单紧凑，效率高，寿命长，便于制造。

（5）室内工作，生产批量为 200 台。

（6）使用期限为 10 年，大修周期为 5 年，双班制工作。

2. 原始技术参数

半自动平压模切机的设计原始数据和要求如下：

（1）每小时压制纸板 3 000 张。

（2）电动机额定转速 n_0=1 440 r/min，模压时生产阻力 F =1.5×10^6 N，如图 6-48 所示。回程时不受力。行程速比系数 K≈1.3，模压行程 H=（52±0.3）mm，模具和滑块的质量约为 125 kg。

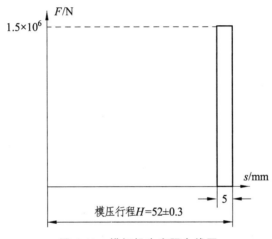

图 6-48　模切机生产阻力线图

（3）工作台面距离地面的高度约为 1 200 mm。

3. 设计方案构思提示

（1）模切工艺动作分解。模切机要完成模切功能，其工艺动作可分解为：纸板送进和加压模切两大部分。纸板送进（即送料）功能要求用夹紧机构先将纸板夹紧，然后再送到模切工位；模切功能包括压痕、切线和压凹凸，这可以通过模具来实现，即利用移动凸模和固定凹模来完成模切功能。

（2）纸板送进机构构思提示。纸板在输送过程中必须进行定位和夹紧，以保证模切前纸板处于正确的位置，确保模切精度。较为可行的方案是用夹紧片来实现夹紧和定位。如图 6-49 所示，采用间歇运动机构（如槽轮机构）来驱动双排链传动机构，两根链条 15 之间有一个固定模块 12，夹紧片即安装在固定模块 12 上。它包括固定夹紧片、可动夹紧片、压缩弹簧、推杆等构件。当推杆 18 在凸轮的作用下往上运动时，就顶开可动夹紧片，此时由人工从水平方向送入纸板，之后当凸轮处于回程运动阶段时，可动夹紧片在压缩弹簧的作用下夹紧纸板，并在链传动的作用下往左边送进到精确位置。

（3）模切机构方案构思提示。总体布局上，模切机构的加压方式主要有三种，即从上往下加压、从下往上加压和上下同时加压。其中，上下同时加压的方案会导致凸凹模不易对准，从而造成合模困难，所以不予考虑；如果采用从上往下加压，则加压机构需安装在传送装置的上部，要占据工作台上方的空间，从而造成设备高度方向尺寸增大，总体布局不合理，而出于降低重心考虑，传动机构通常都布置在下方；采用从下往上加压的方式则可使加压机构和传动机构都布置在工作台下面，减少高度方向的空间占用，设备空间利用率较高，且操作和输送纸板都比较方便。综上所述，建议采用从下往上加压方式的方案较为合理，如图 6-49 所示。

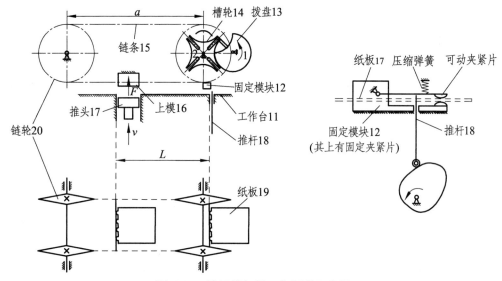

图 6-49　平压模切机工作原理示意图

另外，由于电机轴通常是水平布置，且是单向匀速转动，而模切机构的主运动方向却是垂直方向，且为上下往复运动，因此从机器的工作要求来看，模切机构还应具备运动方向、运动形式和运动速度的变换功能，并应具备较大的机械增益，以便推头能够克服所需的工作阻力，顺利实现模切。结合上述考虑，可采用如图 6-50 所示的备选方案来实现模切功能。

（4）运动方案定性评价：可从机构的功能、模切质量、生产率和经济性 4 个方面，对图 6-50 所示的模切机构的各个方案进行初步定性分析评价。评价内容此处从略。

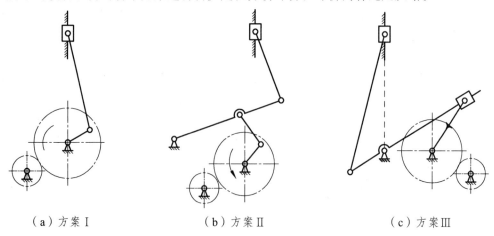

（a）方案Ⅰ　　　　　（b）方案Ⅱ　　　　　（c）方案Ⅲ

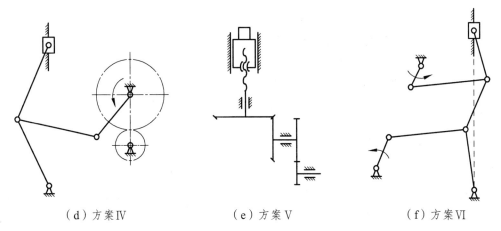

（d）方案Ⅳ　　　　　　　（e）方案Ⅴ　　　　　　　（f）方案Ⅵ

图 6-50　模切机构的部分备选运动方案

综上所述，根据方案对比评价后，选出最佳方案，进行后续方案组合，可得出图 6-51 所示的整机参考原理方案。

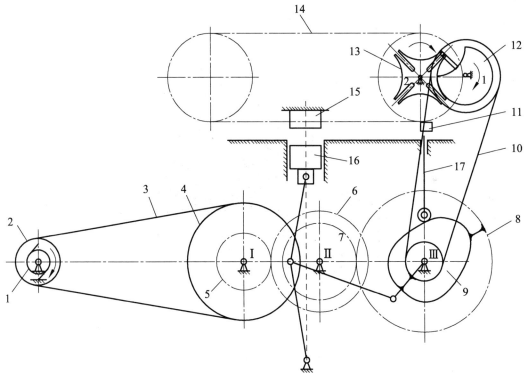

1—电机；2，4—带轮；3—皮带；5，6，7，8—齿轮；9—凸轮；10—带传动；11—固定模块；
12—拨盘；13—槽轮；14—链传动；15—上模；16—下模（推头）；17—推杆。

图 6-51　模切机参考原理方案

4. 设计任务

（1）根据工艺动作要求拟定运动循环图。

（2）进行送纸机构、模切机构的方案选型，以实现模切动作要求，并拟定整机机械传动系统方案。

（3）对传动机构和执行机构进行运动尺寸设计。

（4）对传动系统和执行机构进行结构设计，并建立整机三维数字化模型。

（5）用软件（VB、MATLAB、ADAMS 或 SOLIDWORKS 等均可）对执行机构进行可视化仿真，并画出输出机构的位移、速度和加速度线图。

（6）完成装配图 1 张（用 A0 或 A1 图纸），零件图 2 张，编写设计说明书 1 份。

十八、三面切书自动机设计

1. 题目简介及设计要求

切书机是广泛应用于印刷企业印刷前及印刷后的裁剪设备，用于各种纸张印刷品的加工。印刷行业中，书刊胶装完成后需要对其三个侧面进行切割整齐，使书刊的外观保持统一的尺寸规格，这时就需要用到三面刀切书机。其主要用于书籍的装订生产线中。

（1）工作原理及工艺动作：三面切书自动机的功能是切去书籍的 3 个余边，其工作原理及工艺动作分解如图 6-52 所示，该系统由送料机构 1、压书机构 2、侧刀机构 3 和横刀机构 4 四部分组成。主轴旋转 1 周时（一个循环周期），各执行构件完成对书籍的送料、压书、切去余边的工作任务。各工艺动作具体执行过程如下：

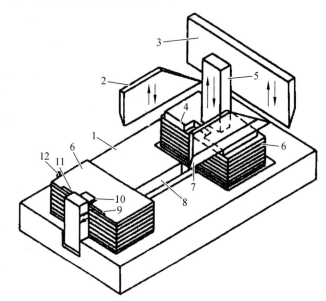

1—工作台；2，7—左右侧刀；3—横刀；4—压书板；5—压书杆；6—待切书摞；
8—导槽；9—挡铁；10—压舌；11—夹书器；12—侧轨。

图 6-52　三面切书机工艺示意图

① 送书机构：把待裁切书籍整齐地放入夹书器内，再将其放在送书机构的送书架旁边并紧贴送书架，由送书架将叠好的书本送至切书工位。

② 压书机构：压书板在杆的带动下下降，将送入切书工位的书本压紧。

③ 侧刀机构：将已压好的书本的两侧切去余边。

④ 横刀机构：将已切去两侧余边的书本再切去前面余边。

（2）要求选用的机构简单、轻便，运动灵活可靠。

（3）室内工作，生产批量为 200 台。

（4）动力源采用三相交流 380 V/220 V，如使用电动机作为动力源，则电动机单向运转，载荷较平稳。

（5）设计使用期限为 10 年。大修期为 5 年。

2．原始技术参数

三面切书机的设计原始数据和要求如下：

（1）被切书摞长×宽×高尺寸为 260 mm×185 mm×100 mm，质量为 5.5 kg。

（2）推书行程为 380 mm，压头行程为 410 mm，侧刀行程为 360 mm，横刀行程为 380 mm。

（3）生产率为 8 摞/min。

3．设计方案构思提示

（1）如图 6-53 所示，送书机构由凸轮 1、滚子推杆及送书架 2、复位弹簧 3 及机架所组成。凸轮绕主轴转动带动推杆按需求做往复直线运动，与推杆固连的送书架也随之运动，从而实现送书过程。推杆复位由弹簧实现。

（2）由于压书机构也做直线往复运动，因此也可采用凸轮机构或凸轮连杆组合机构来实现其功能，如图 6-54 所示。

（3）因要切去书本的两侧边，故需两把侧刀，机构参考方案如图 6-55 所示，图中只绘出了其中一边的侧刀机构。

（4）横刀机构的参考运动方案如图 6-56 所示，它的原理类似于一个曲柄压力机，通过曲柄 1 带动连杆 2，再由连杆 2 带动滑块（刀片）3 在导轨中做上下移动，从而切除书籍前面多余的纸边。

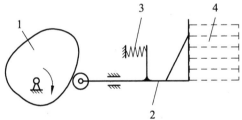

1—凸轮；2—送书架；3—复位弹簧；4—书摞。

图 6-53　送书机构参考方案

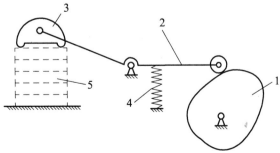

1—凸轮；2—摆杆；3—压头；4—复位弹簧；5—书摞。

图 6-54　压书机构参考方案

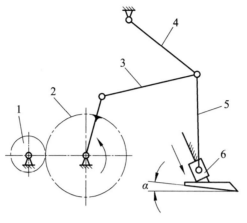

1，2—齿轮；3，5—连杆；4—摆杆；6—侧刀。

图 6-55　侧刀机构参考方案

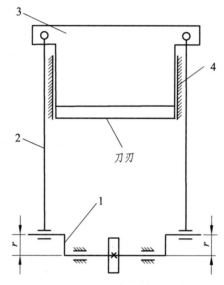

1—曲柄；2—连杆；3—滑块（横刀）；4—导轨。

图 6-56　横刀机构参考方案

（5）为降低成本及便于运动控制的协调，上述 4 个机构的主动构件须用同一主轴驱动。

4. 设计任务

（1）根据功能要求，针对上述 4 个子机构提出 2~3 个可行的实现方案，进行方案组合，并对总体方案进行优选，选出一个最佳方案进行后续运动设计及结构设计，画出整机原理图。

（2）对传动机构和各个执行机构进行运动尺寸设计。

（3）对传动系统和执行机构进行结构设计，并建立整机三维数字化模型。

（4）用软件（VB、MATLAB、ADAMS 或 SOLIDWORKS 等均可）对执行机构进行可视化仿真，并画出输出机构的位移、速度和加速度线图。

（5）完成装配图 1 张（0 号图），零件图 2 张（图幅不限）。

（6）编写设计说明书 1 份。

十九、糖果自动包装机机构设计

1. 题目简介及设计要求

糖果包装机主要用于在巧克力糖果生产线上，在大量生产出糖果后，将其——用铝箔纸进行包装，给顾客以视觉上的美观感受。

（1）如图 6-57 所示，包装对象为圆台状巧克力糖，为满足食品卫生安全，包装材料为厚 0.08 mm 的金色铝箔纸。包装后外形应轮廓清楚，铝箔纸无明显损伤、撕裂或褶皱，如图 6-58 所示。包装工艺方案为：纸坯采用卷筒纸，纸片水平放置，间歇剪切式供纸，如图 6-59 所示。包装工艺动作如下：

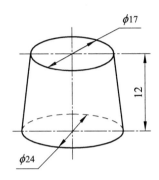

图 6-57　圆台状巧克力糖

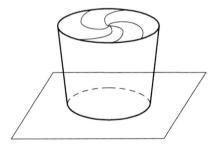

图 6-58　包装后的巧克力糖

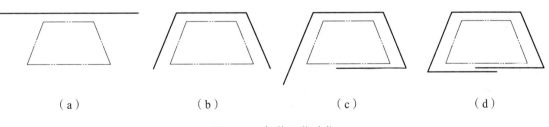

（a）　　　　　（b）　　　　　（c）　　　　　（d）

图 6-59　包装工艺动作

① 将铝箔纸覆盖在巧克力糖小端正上方。
② 使铝箔纸沿糖块锥面强迫成型。
③ 将余下的铝箔纸分半，先后向大端面上褶去，并确保包装纸紧贴巧克力糖。

设计数据如表 6-15 所示。

表 6-15　设计数据

方案号	1	2	3	4	5	6
电机转速/（r/min）	1 440	1 440	1 440	980	980	750
包装生产率/（个/min）	130	100	90	95	90	75

（2）要求完成糖果包装机的间歇剪切式供纸机构、铝箔纸锥面成型机构、折纸机构以及巧克力糖果的送推料机构的设计。

（3）整台机器外形尺寸（宽×高）不超过 850 mm×1 100 mm。

（4）锥面成型机构要求成型动作尽量等速，起、停时冲击小，以防止在包装过程中将糖果压塌或破坏糖果外观形状。

（5）要求选用的机构简单、轻便，运动灵活可靠。

（6）室内工作，生产批量为 200 台。

（7）如有动力源，则动力源为三相交流 380 V/220 V，如使用电动机作为动力源，则电动机单向运转，载荷较平稳。

（8）使用期限为 10 年，大修期为 5 年。

2. 设计方案构思提示

（1）为尽量提高生产率，应力求剪纸和供纸动作连续完成。

（2）铝箔纸锥面成型机构一般可采用凸轮机构、平面连杆机构等。

（3）褶纸机构有凸轮机构、摩擦滚轮机构等多种备选方案可供选择。

（4）送推料机构可采用平面连杆机构或双联凸轮机构。

（5）各个工艺动作之间应有严格的时序关系。

3. 设计任务

（1）完成各执行机构的选型与设计，各子机构至少提出 2~3 个备选方案，对各子机构的方案进行组合，并进行分析评价，选出一个最优方案进行后续设计，画出整机原理图。

（2）进行运动协调设计，画出机构运动循环图。

（3）拟定整机传动系统方案，并对执行机构和传动机构进行运动学尺寸设计。

（4）对传动系统和执行机构进行结构设计，并建立整机三维数字化模型。

（5）用软件（VB、MATLAB、ADAMS 或 SOLIDWORKS 等均可）对执行机构进行可视化仿真，并画出输出机构的位移、速度和加速度线图。

（6）设计计算及校核齿轮机构、轴系、轴承选型等内容。

（7）完成装配图 1 张（0 号图），零件图 2 张（图幅不限）。

（8）编写设计说明书 1 份。

二十、书本打包机设计

1. 题目简介及设计要求

书本打包机主要用在印刷厂里，将印刷好的书本以一定数量（通常为 5~10 本）为一堆，用牛皮纸将其包装起来（见图 6-60），并在两端贴好封签，以便于销售和运输。本设计题目的要求就是完成书本打包机各子系统（如纵向送书机构、送纸机构及裁纸机构）的机构选型、设计以及整机设计。

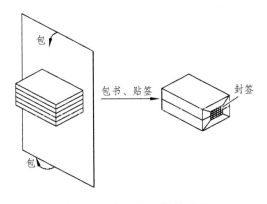

图 6-60　书本打包机的功用

（1）工作原理、工艺动作过程分解及设计构思提示。

书本（摞）打包的工艺顺序如图 6-61 所示，各工位的布置如图 6-62 所示。其工艺过程如下所述（各工序标号与图 6-61、图 6-62 中标号一致）。

①横向送书：横向送一摞书进入打包流水线。

②纵向推书：纵向将一摞书推进到 a 工位，使它与工位 b~g 上的 6 摞书对准并紧贴在一起。横向、纵向送书可通过两个槽轮连杆机构来实现。

③送纸及裁纸：书推到工位 a 前，包装纸应先送到位。包装纸可使用整卷筒纸，从上往下向长度送够以后再进行裁切。可考虑采用橡胶摩擦轮通过摩擦来实现传送要求。裁刀为间歇性的进给运动，可考虑由皮带带动齿轮，在齿轮上安装一凸轮，凸轮连接连杆机构带动裁刀将牛皮纸裁断。

④继续纵向推书：往前送进一摞书的位置到工位 b，依靠该工位处的上下挡板将书摞上下方的包装纸挡住，从而实现三面包装，加上后续工位的书摞，这一工序中推书机构总共要推动 a~g 的 7 摞书。

⑤推书机构返回时，折纸机构开始动作，先折侧边，再折两端上、下边。折边机构可考虑采用凸轮带动连杆来实现折上下边的两块挡板同时运动。

⑥继续折前角。

⑦推书机构已进入到下一循环的工序④，此时将工位 b 上的书推到工位 c。利用两端设置的挡板实现折后角。折角机构也可考虑采用一个凸轮机构来实现。书通过挡板时则实现折后角。

⑧推书机构又一次循环到工序④时，将工位 c 的书摞推至工位 d。

⑨在工位 d 向两端涂浆糊。可通过凸轮连杆带动滑块来实现。

⑩在工位 e 贴封签。可通过凸轮连杆带动滑块来实现。

⑪在工位 f、g 用电热器把浆糊烘干。

⑫在工位 h 用人工将包封好的书摞取下。

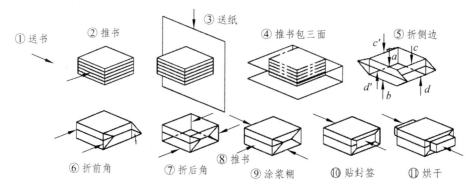

图 6-61　书本打包的包、封工艺动作分解

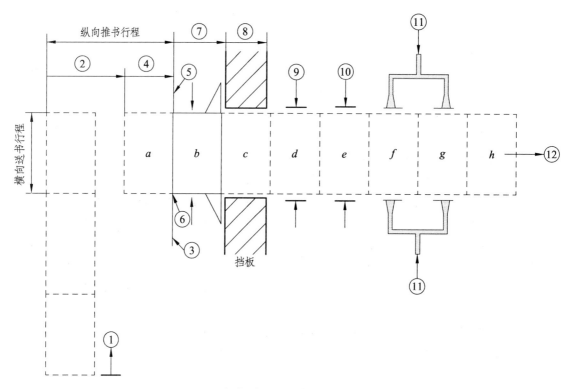

图 6-62　打包过程各工位布置（俯视图）

（2）要求选用的机构简单、轻便，运动灵活可靠，打包效率高。

（3）室内工作，生产批量为 200 台。

（4）如有动力源，则动力源为三相交流 380 V/220 V，如使用电动机作为动力源，则电动机单向运转，载荷较平稳。

（5）使用期限为 10 年。大修期为 5 年。

2. 原始技术参数及相关数据要求

图 6-63 表示由总体设计规定的各部分的相对位置及有关尺寸，其中轴 O_2 为机械主轴的位置。

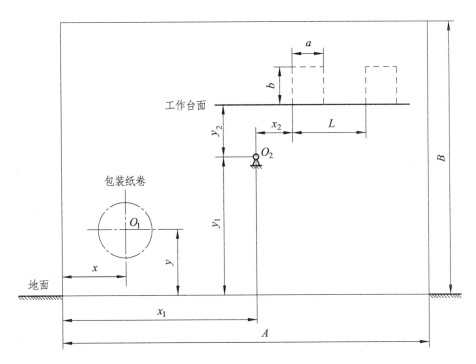

图 6-63 书本打包机各部分的相对位置及有关尺寸和范围

（1）机构尺寸范围。

机械的最大长度 A 和最大高度 B：A =2 100 mm；B =1 650 mm。

工作台面高度：y_2 =400~420 mm。

主轴位置：x_1 =1 000~1 050 mm，y_1 =350~400 mm。

纸卷位置：x =320 mm，y =320 mm。

为了保证台面整洁和操作安全，推书机构建议放在工作台面以下为宜。

（2）工艺要求的数据。

书摞尺寸：宽度 a =120~130 mm，长度 b =180~210 mm，高度 y =180~200 mm。

推书起始位置：x_2 ≈220 mm。

推书行程：L =400~410 mm。

主轴转速（推书次数）：$n = (10 \pm 0.1)$ r/min。

主轴转速不均匀系数：$\delta \leqslant 1/4$。

纸卷直径：d =400~450 mm。

（3）纵向推书运动要求。

① 由于机器运转周期与主轴回转周期相等，所以，可用主轴的转角表示推书机构的推头的运动时间。

② 推书动作耗时约 1/3 周期（即主轴转 120º）；快速退回动作耗时较短，因此对应的主轴转角应小于 1/3 周期（即小于 90º）；停止不动耗时大于 1/3 周期（即相当于主轴转角大于 140º）。

③ 纵向推书机构从动件的运动循环图如图 6-64 所示。

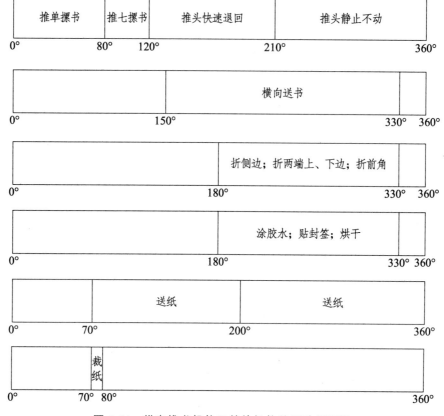

推单摞书	推七摞书	推头快速退回	推头静止不动
0°	80° 120°	210°	360°

	横向送书	
0°	150°	330° 360°

	折侧边；折两端上、下边；折前角	
0°	180°	330° 360°

	涂胶水；贴封签；烘干	
0°	180°	330° 360°

	送纸	送纸
0° 70°	200°	360°

	裁纸	
0°	70° 80°	360°

图 6-64　纵向推书机构及其他机构的运动循环图

（4）其他机构的运动时序如图 6-64 所示。

3. 设计任务

（1）拟定出各个子机构的备选方案，进行方案组合及评价，选出最优方案，以便后续运动学参数设计及结构。

（2）画出最终方案的整机原理图。

（3）确定传动机构及送纸、裁纸机构中与整机运动协调配合有关的主要尺寸。

（4）画出运动循环图。

（5）进行机构的运动学参数设计（包括凸轮轮廓设计、齿轮齿数及传动比分配等）。

（6）利用 ADAMS 软件对机构进行动力学仿真，求出主轴上的阻力矩在主轴转 1 周中的一系列数值，并据此求解出电机驱动力矩，为后续的结构设计及强度计算做准备。

（7）只考虑纵向推书机构和传动机构中移动构件和回转构件的质量，近似计算机构的等效转动惯量，并进一步求出实际需要的飞轮等效转动惯量的大小。该步也可借助于动力学仿真软件完成。

（8）对传动系统和执行机构进行结构设计，并建立整机三维数字化模型。

（9）设计计算及校核齿轮机构、轴系、轴承选型等内容。

（10）完成装配图 1 张（0 号图），零件图 2 张（图幅大小不限）。

（11）编写设计说明书 1 份。

二十一、榫槽成形半自动切削机机械系统设计

1. 题目简介及设计要求

榫槽成形半自动切削机是一种木工机械,其功能是将木质长方块切削出榫槽。该机主要由原动机、传动部分和榫槽成形执行机构组成。

(1)工作原理。

榫槽成形半自动切削机的执行部分的工作如图 6-65 所示。当压头 4 在夹紧机构的带动下下移压紧工作台上的工件后,通过端面切刀 3 将工件的右端面切平,然后,压头 4 松开工件,推杆 2 推动工件向左做直线进给移动,通过固定的榫槽刀在工件上表面的全长上开出榫槽,切削过程中工件做近似等速运动。

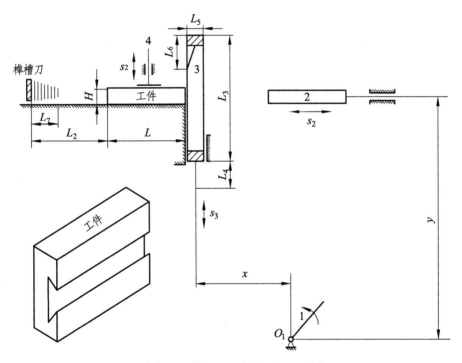

1—曲柄;2—推杆;3—端面切刀;4—压头。

图 6-65   榫槽成形半自动切削机参考方案图

(2)要求选用的机构简单、轻便,运动灵活、可靠。同时,为了减少在开槽过程中的振动以及保护刀具,延长刀具使用寿命,在开槽过程中要求工件做近似等速运动。

(3)如有动力源,则动力源为三相交流 380 V/220 V,如使用电动机作为动力源,则电动机单向运转,载荷较平稳。使用期限为 10 年,大修期为 5 年。

2. 原始技术参数

(1)机构结构尺寸要求如表 6-16 所示。

(2)设计参数要求Ⅰ。主轴转速 n =30 r/min,榫槽刀切削次数 k =30 次/min。

(3)设计参数要求Ⅱ。室内工作,榫槽刀进入切槽的一瞬间有轻微冲击,其余设计参数如表 6-17 所示。

表 6-16　榫槽半自动切削机部分结构尺寸要求　　　　　　　　　　　　单位：mm

x	y	H	L	L_2	L_3	L_4	L_5	L_6	L_7
50	220	12	75	32	72	35	22	18	20

表 6-17　榫槽半自动切削机设计原始参数

数据组编号	1	2	3	4
推杆工作载荷/N	1 900	2 600	3 000	3 800
断面切刀工作载荷/N	1 550	1 850	2 050	2 250
生产率/（件/min）	85	70	60	50

3. 设计任务 I

（1）按原始技术数据（1）、（2）进行总体方案的设计和论证，对各子系统（包括工件压紧、切端面、推榫槽的机构等）分别提出 2~3 个备选方案，进行子系统方案组合，形成整机原理方案，对整机原理方案进行定性评价，选出最优方案，并绘制整机的原理方案图。

（2）用图解法或解析法进行机构运动学参数设计（包括确定从动件运动位移函数、凸轮廓线及基本尺寸、连杆机构杆长计算等），并进行执行机构运动分析。

（3）绘制执行机构运动循环图。

（4）对传动系统进行运动学参数设计（含总传动比计算、传动比分配、齿轮齿数及模数确定等），并采用 ADAMS 对执行机构进行虚拟样机仿真，以检验设计结果的正确性。

（5）进行执行机构和传动系统结构设计及相关校核计算。

（6）绘制机器总装图（0 号图）1 张，零件图 2 张（图幅不限）。

（7）编写设计计算说明书 1 份。

4. 设计任务 II

（1）按原始技术数据（1）、（3）进行总体方案的设计和论证，对各子系统（包括工件压紧、切端面、推榫槽的机构等）分别提出 2~3 个备选方案，进行子系统方案组合，形成整机原理方案，对整机原理方案进行定性评价，选出最优方案，并绘制整机的原理方案图。

（2）用图解法或解析法进行机构运动学参数设计（包括确定从动件运动位移函数、凸轮廓线及基本尺寸、连杆机构杆长计算等），并进行执行机构运动分析。

（3）绘制执行机构运动循环图。

（4）对传动系统进行运动学参数设计（含总传动比计算、传动比分配、齿轮齿数及模数确定等），并采用 ADAMS 对执行机构进行虚拟样机仿真，以检验设计结果的正确性。

（5）进行执行机构和传动系统结构设计及相关校核计算。

（6）绘制机器总装图（0 号图）1 张，零件图 2 张（图幅不限）；

（7）编写设计计算说明书 1 份。

上述设计任务 I、II 任选一项。

参考文献

[1] 王之栎，王大康. 机械设计综合课程设计[M]. 3 版. 北京：机械工业出版社，2020.

[2] 李瑞琴. 机械原理课程设计[M]. 北京：电子工业出版社，2013.

[3] 张传敏，张恩光，战欣. 机械原理课程设计[M]. 广州：华南理工大学出版社，2012.

[4] 濮良贵，陈国定，吴立言. 机械设计[M]. 9 版. 北京：高等教育出版社，2013.

[5] 王旭，王秀叶，王积森. 机械设计课程设计[M]. 3 版. 北京：机械工业出版社，2014.

[6] 吴宗泽，吴鹿鸣. 机械设计[M]. 北京：中国铁道出版社，2016.

[7] 谢进，万朝燕，杜立杰. 机械原理[M]. 3 版. 北京：高等教育出版社，2020.

[8] 申永胜. 机械原理[M]. 北京：清华大学出版社，1999.

[9] 任嘉卉，李建平，王之栎，等. 机械设计课程设计[M]. 北京：北京航空航天大学出版社，2001.

[10] 王太辰. 中国机械设计大典：第 6 卷[M]. 南昌：江西科学技术出版社，2002.

[11] 邱宣怀，郭可谦，吴宗泽，等. 机械设计[M]. 4 版. 北京：高等教育出版社，1997.

[12] 孙恒，陈作模，葛文杰. 机械原理[M]. 8 版. 北京：高等教育出版社，2013.

[13] 王大康，卢颂峰. 机械设计课程设计[M]. 2 版. 北京：北京工业大学出版社，2009.

[14] 任嘉卉，李建平，王之栎，等. 机械设计课程设计[M]. 北京：北京航空航天大学出版社，2001.

[15] 裘建新. 机械原理课程设计指导书[M]. 北京：高等教育出版社，2005.

[16] 师忠秀，王继荣. 机械原理课程设计[M]. 北京：机械工业出版社，2003.

[17] 邹慧君. 机械原理课程设计手册[M]. 北京：高等教育出版社，2000.

[18] 李瑞琴. 现代机械概念设计与应用[M]. 北京：电子工业出版社，2009.

[19] 王三民. 机械原理与设计课程设计[M]. 北京：机械工业出版社，2009.

[20] 张春林. 机械原理[M]. 北京：高等教育出版社，2006.

[21] 李瑞琴. 机构系统创新设计[M]. 北京：国防工业出版社，2008.

[22] 陆凤仪，钟守炎. 机械原理课程设计[M]. 2 版. 北京：机械工业出版社，2011.

[23] 陈秀宁，等. 机械设计课程设计[M]. 4 版. 杭州：浙江大学出版社，2012.